로켓 초등용

소개글

우주는 새로운 신대륙으로 앞으로 우주 개발에 관심 안 갖고 투자 안 하는 나라는 후진국으로 추락하여 선진국의 발전하지 못하여 국민은 가난에서 헤어 날 수가 없을 것이다.

이런 우주개발에 로켓은 우주로 가는 유일한 수단이며 이에 최우선적으로 요구되는 것이 로켓관련 교육이다.

그래서 미국의 NASA도 일찍이 청소년들이 로켓과 우주에 관심 갖도록 스페이스 캠프 라는 교육프로그램을 신설하여 운용하고 있다.

유소년때부터 우주와 로켓에 관심 갖게 하고 소양을 발굴하여 인재로 육성하고 우주개발에 공감하는 시민으로 기르는데 있다.

우리 나라에서도 한국 항공 우주 연구원이 미국과 같은 취지로 만든 교재로 로켓의원리 구조, 운용, 미래 광범위한 내용을 실험하여 쉽게 이해할 수 있는 지도 교안이다

들어가기에 앞서

본 자료는
미항공우주국(NASA)의 항공우주과학교육교재를 토대로 새롭게 구성한 과학교육자료로 초/중등 교육자가 청소년들에게 과학교육을 위해 활용할 수 있도록 제작되었습니다.
※ 본 교육자료의 저작권 교육과학기술부, 한국항공우주연구원에 있으며 비상업적인 교육 목적에 한하여 사용가능합니다.

초등용 로켓 목차

단원 1 | 로켓의 원리
- 어떻게 움직일까요? 11
- 로켓을 움직여요 15
- 로켓 경주차 21
- 캔 헤로 엔진 29
- 뉴턴 자동차 36
- 로켓 - 무게 들어올리기 41
- 풍선 다단화 45

단원 2 | 로켓 발사
- 종이 로켓 55
- 빨대 로켓 발사기 64
- 빨대 로켓 65
- 3-2-1 발사! 67
- 팝 로켓 발사기 71
- 팝 로켓 75
- 폼 로켓 81
- 물 로켓 90

단원 3 | 우주 왕복선
- 우주 왕복선 102
- 왕복선 감속 낙하산 112
- 우주 비행사의 임무 118

단원 4 | 그림으로 보는 로켓의 역사

1. 로켓의 원리

 단원 소개

본 단원은 간단한 실험을 통해 로켓의 발사 원리를 이해할 수 있는 내용으로 구성하였다. 1차시에서는 로켓 또는 우주 왕복선이 우주로 발사되는 원리를 이해하고, 2~5차시에서는 작용-반작용, 가속도 등 뉴턴의 운동 법칙과 관련된 로켓 발사 원리를 학습한다. 6~7차시에는 로켓 발사에서 무거운 물체를 발사하기 위한 다단 로켓 원리와 관련된 실험 활동을 한다.

주제 안내

순	주 제	대상학년	소요시간
1	어떻게 움직일까요?	1~3학년	40분
2	로켓을 움직여요.	1~3학년	40분
3	로켓 경주차	4~6학년	80분
4	캔 헤로 엔진	5~6학년	80분
5	뉴턴 자동차	5~6학년	80분
6	로켓-무게 들어올리기	4~6학년	80분
7	풍선 다단화	3~6학년	40분

 지도상 유의점

뉴턴의 운동 법칙은 기본 물리 중 하나로 로켓 공학에 매우 중요한 원리를 설명한다. 이 단원은 뉴턴의 운동 법칙을 로켓의 운동에 적용하여 그 원리를 이해하는 과정에 초점이 맞추고 있다. 간단한 실험을 통해 원리를 잘 이해할 수 있도록 지도하면 다음 단원에서 설명하는 "로켓 발사"에 대한 학습을 하는데 도움이 된다.

　이 단원의 활동은 대부분 2~3명의 단위로 조를 구성하여 교실 수업을 염두에 두고 구성되었다. 조의 구성은 각 실험의 내용이나 토의 내용에 따라 교사 재량으로 구성할 수 있다. 차시 활동에 제시된 배경지식은 교사가 수업 전에 반드시 읽어 보는 것이 바람직하며 각 활동의 수준을 교사가 조절한다면 제시된 학년 외에 다른 학년에도 적용가능하다.

4 배경 지식

1. 뉴턴의 운동 법칙

제1법칙
정지한 물체나 또는 움직이는 물체는 외부에서 힘이 작용하지 않는 한 계속 정지해 있거나 또는 운동 속도와 방향이 변하지 않고 계속 그 상태를 유지한 상태로 운동한다.

제2법칙
힘은 물체의 질량에 물체 속도의 변화량인 가속도를 곱한 값이다.
즉, $f = ma$ 이다.

제3법칙
모든 물체에 작용하는 힘은 항상 그 반대 방향에 같은 크기의 힘이 작용한다.

2. 뉴턴 운동 법칙과 관련된 용어

 정지와 운동
　정지와 운동은 위치 변화에 대한 상대적인 용어이다. 이는 주변의 물체와 비교하여 정지 또는 운동하고 있는 상태를 말한다. 당신이 의자에 앉아있을 때 정지 상태에 있는 것이며, 의자가 외국으로 비행하는 제트기 객실 안에 있어도 마찬가지다. 비행기 객실이 당신과 함께 움직이고 있으므로 당신은 정지한 상태라고 볼 수 있다. 만일 당신이 비행기 좌석에서 일어나 통로를 걷는다면 객실 안에서 위치를 바꾸고 있는 것이므로 주변과 상대적인 운동을 하고 상태이다.

힘

물체를 밀거나 당길 때 작용하는 것이다. 힘은 근력, 공력, 전자기력 등 다양한 형태로 나타날 수 있다. 로켓에서 힘은 로켓 추진제가 연소할 때 갑자기 팽창하는 현상에 의해 나타난다.

불균형 힘

물체에 작용하는 전체 힘 또는 순수한 힘을 말한다. 예를 들어, 책상에 커피를 담은 컵이 있다면 이 컵은 힘의 균형을 유지하고 있는 것이다. 중력에 의해 아래로 작용하는 힘과 동시에 책상 바닥이 위로 작용하

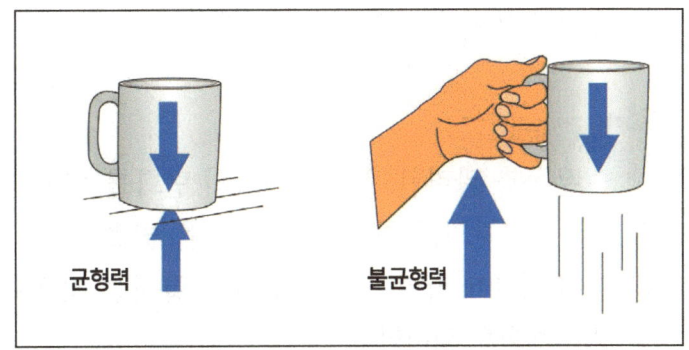

는 힘이 가해져 컵이 떨어지지 않는다. 두 가지 힘이 균형을 이루고 있는 것이다.

손을 뻗어 컵을 집으면 컵에 가해지는 힘의 균형이 깨진다. 이때 느껴지는 무게가 컵 질량에 작용하는 중력이다. 컵을 들어 올리려면 중력보다 큰 힘을 가해야 한다. 컵을 그대로 들고 있으면 중력과 근육에 의한 힘이 다시 균형을 이룬다.

힘의 불균형은 다른 운동에도 적용된다. 운동장에 있는 축구공은 힘의 균형을 이루고 있다. 공을 차면 힘의 균형이 깨진다. 공기 저항력에 의해 공의 속도가 점점 느려지다가 지상으로 떨어진다. 중력에 의해 떨어진 공은 다시 운동장에서 튀어 오른다. 공이 튕겨 오르는 것을 멈추고 굴러가다가 멈추면 다시 힘의 균형을 이루게 된다.

축구공을 항성에서 멀리 떨어진 우주나 다른 중력장으로 가져가 발로 차면 공에 불균형 힘이 작용해 공이 움직이게 된다. 공이 발에서 떨어지는 순간 영원히 직선방향으로 이동하게 될 것이다.

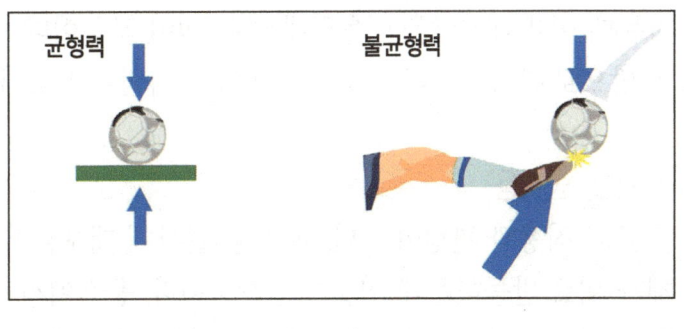

힘이 균형을 이루고 있는지 불균형을 이루고 있는지 어떻게 알 수 있을까? 축구공이 정지해 있거나 일정한 속도로 직선 운동을 하고 있다면 그 때의 힘은 균형을 이루고 있는 것이다. 공이 가속되거나 방향이 달라지고 있다면 이 때 그 힘은 불균형 힘을 가지고 있는 것이다.

질량

물체가 가지고 있는 본래의 양을 말한다. 물체가 반드시 고체 상태만은 아니다. 풍선에 들어 있는 공기의 양이 될 수도 있고 유리잔에 있는 물의 양이 될 수도 있다. 질량에 관해 중요한 점은 질량을 임의로 변경하지 않는 한 그 물체가 지구, 지구 궤도 또는 달에 있더라도 항상 같다는 것이다. 질량은 물체가 가지고 있는 본래의 양을 가리키는 것이다. (질량과 무게가 혼동되는 경우가 종종 있지만 같은 것이 아니다. 무게의 단위는 힘이며 질량에 중력 가속도를 곱한 값이다.)

가속도

운동과 관련된 용어로 운동의 변화를 의미한다. 일반적으로 변화란 자동차의 가속 페달을 밟을 때 일어나는 것과 같이 시간에 따라 속도의 변화를 말하는 것으로 가속도는 방향 변화도 의미한다.

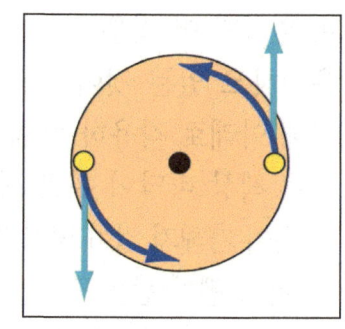

회전목마에 탄 두 사람을 위에서 본 그림이다. 회전목마 플랫폼은 탑승자에게 불균형 힘을 가하여 이들이 직선 방향으로 움직이는 것을 방해한다. 이 플랫폼은 계속해서 탑승자의 속도를 시계 반대 방향으로 가속한다. 회전목마가 일정한 속도로 회전하고 있어도 말과 탑승자의 운동 방향이 계속 바뀌게 되는데 이것이 가속이다.

작용

힘의 결과이다. 대포 안에 장전된 포탄에 불을 붙이면 대포알이 공중으로 날아가는데 이때 대포알을 이동하게 하는 힘이 작용이다. 풍선에서 공기를 빼면 공기가 주둥이 밖으로 분출되는데 이것도 작용이다. 사람이 보트에서 부두로 내리는 것도 작용이다.

반작용

작용과 관련이 있다. 대포를 발사해 대포알이 공중으로 날아갈 때 대포 몸체 전체가 뒤로 반동하는데 이것이 반작용이다. 풍선에서 공기가 빠르게 나올 때, 풍선은 바람이 빠져나오는 반대 방향으로 날아가는 것도 반작용이다. 사람이 보트에서 부두로 내릴 때도 반작용이 생긴다. 보트가 육지에 고정되어 있지 않다면 사람이 내리는 순간 보트는 사람과 반대 방향으로 움직인다. (주: 보트의 예는 작용/반작용 원리를 잘 보여준다. 단, 고정되지 않은 보트에서 내리면 절대로 안 된다.)

3. 뉴턴의 제1법칙

이 법칙은 갈릴레오가 처음으로 관성의 원리를 발견했기 때문에 갈릴레오의 관성의 법칙이라고도 한다. 이 법칙은 발사대 위의 로켓처럼 정지한 물체가 발사되기 위해서는 불균형 힘이 작용해야 한다는 것이다. 로켓 엔진에서 발생하는 추진력의 양은 로켓을 아래로 끌어당기는 중력보다 커야 한다. 엔진의 추진력이 계속 이어지면 로켓은 가속이 된다. 로켓의 추진제가 다 소모되면 중력으로 인해 로켓이 지구로 다시 떨어지게 된다. "착륙" 후에는 로켓이 다시 정지 상태가 되며 힘은 균형을 갖게 된다.

로켓 비행에서 힘은 계속해서 균형 상태와 불균형 상태를 오간다. 발사대에 있는 로켓은 힘의 균형 상태를 유지하고 있다. 발사대의 지면은 로켓을 밀어 올리고 중력은 로켓을 끌어당기려고 한다. 엔진이 점화되면 로켓의 추진력에 의해 힘이 균형을 잃어 로켓이 위로 이동한다. 나중에 로켓의 연료가 떨어지면 느려지다가 비행 최고 상공에서 정지한 후 다시 지구로 떨어진다.

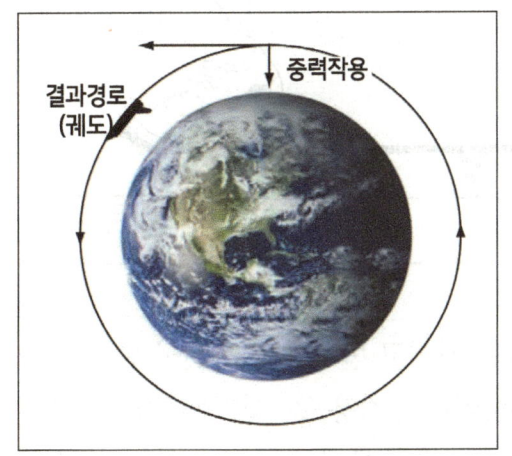

우주에 있는 물체도 힘에 반응한다. 태양계를 지나가는 우주선은 외부에서 힘이 가해지지 않으면 일정하게 움직인다. 우주선에 가해지는 힘이 균형 상태일 경우 우주선은 직선으로 영원히 이동할 것이다. 이 현상은 우주선이 지구나 나머지 행성 및 그 위성처럼 커다란 중력을 가진 천체로부터 매우 멀리 벗어날 경우에만 일어난다. 우주선이 우주의 커다란 물체에 다가갈 경우 그 물체의 중력으로 힘의 균형이 깨져 우주선의 경로가 직선에서 휘어지게 된다. 이 현상은 로켓을 탐사하려는 행성 주위를 일정 궤도를 따라 운행하도록 할 때 이용한다. 우주에는 중력이 불균형하게 분포되어 있기 때문에 위성의 경로가 처음 방향과 달리 원호로 변하게 된다. 원호는 위성이 행성의 중심을 향해 안으로 떨어지는 힘과 앞으로 나아가려는 힘이 서로 합쳐져 나타난다. 이 두 가지 힘에 의해 천체 주위를 따라 운동하는 궤도가 결정된다. 중력은 행성에서 떨어진 고도에 따라 변하므로 각 고도마다 인공위성이 돌고 있는 원형 궤도 위에는 일정한 속도가 유지된다. 따라서 속도를 제어하는 것은 우주선의 원형 궤도를 유지할 때 매우 중요하다. 궤도에 흩어져 있는 가스 분자와의 마찰이나 로켓 엔진이 역방향으로 발사하는 것과 같은 불균형 힘이 작용하여 우주선 속도가 줄어들지 않는 한 우주선은 행성 궤도를 영원히 돌게 된다.

4. 뉴턴의 제3법칙
(제3법칙으로 넘어갔다가 나중에 제2법칙으로 돌아오는 편이 유익하다.)

이것은 많은 사람들이 잘 알고 있는 운동 법칙으로 작용과 반작용 법칙이다.

로켓은 엔진에서 가스를 분출할 때만 발사대에서 이륙할 수 있다. 로켓이 가스를 분출하면 반대로 가스는 로켓을 밀게 된다. 그 전체 과정은 스케이트보드를 타는 것과 아주 비슷하다. 스케이트보드와 그것을 탄 사람이 정지(움직이지 않는) 상태라고 상상해보자. 그 사람이 스케이트보드에서 뛰어 내린다. 제3법칙에서는 뛰어 내리는 것을 작용이라고 부른다. 스케이트보드는 반대 방향으로 일정 거리를 이동하여 이 작용에 반응한다. 스케이트보드의 반대 운동을 반작용이라고 부른다. 스케이트보드와 사람이 이동한 거리를 비교하면 스케이트보드의 반작용이 사람의 작용보다 훨씬 더 큰 것처럼 보일 것이다. 그것은 사실이 아니다. 스케이트보드가 더 멀리 이동한 이유는 사람보다 질량이 작기 때문이다. 이 개념은 제2법칙으로 설명할 때 더 잘 이해할 수 있다.

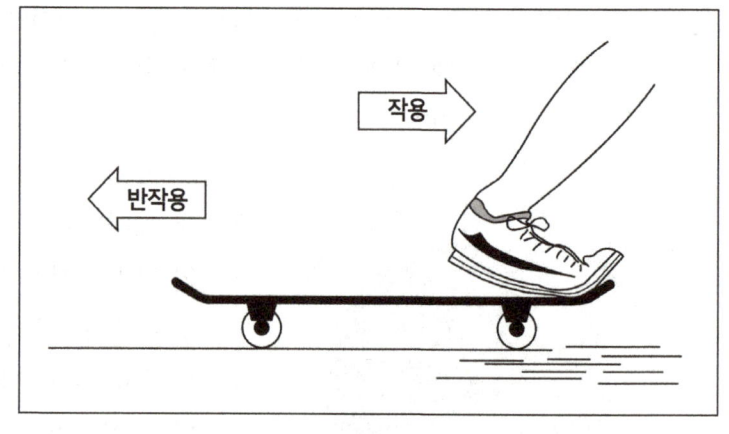

로켓의 경우 작용은 엔진에서 가스가 분출되는 것이고 반작용은 로켓이 반대 방향으로 움직이는 것이다. 로켓을 발사대에서 이륙시키려면 작용, 즉 엔진에서 나오는 추진력이 로켓의 무게보다 커야 한다. 발사대에서는 로켓의 무게와 그것을 미는 땅의 힘이 균형을 유지한다. 추진력이 로켓의 무게보다 작으면 로켓은 움직이지 않는다. 그러나 로켓의 무게보다 추진력이 크게 되면 이 힘의 균형이 깨져 로켓이 이륙하게 된다. 불균형 힘을 이용해 우주선이 궤도를 유지하는 우주 공간에서는 아주 작은 추진력만으로도 불균형 힘이 달라져 로켓의 속도나 방향이 달라진다.

로켓에 관해 가장 자주 나오는 질문 중 하나는 밀어낼 공기가 없는 우주에서 로켓이 어떻게 작동할 수 있느냐이다. 이 질문에 대한 답은 제 3법칙과 관련된다.

다시 스케이트보드를 생각해 보자. 땅에서 공기가 스케이트보드와 사람의 운동에서 하는 역할은 속도를 늦추는 것이다. 공기를 통과할 때 마찰이 발생하는데 과학자들은 이것을 저항력이라고 부른다. 이렇게 우주선이 운행하는 주위에 있는 공기는 작용-반작용 힘의 균형유지를 방해한다.

따라서 로켓은 실제로 공기 중에 있을 때보다 우주에서 성능이 더 좋다. 분출 가스가 로켓 엔진에서 나올 때 주위 공기를 밀어내는데 힘의 일부를 사용하게 된다.
따라서 이로 인해 로켓의 에너지의 일부가 소모된다. 우주에서는 분출 가스가 아무런 저항 없이 배출될 수 있다.

5. 뉴턴의 제2법칙

제2법칙은 힘, 가속도, 질량과 관련된다.

$$f = m \times a$$

이 등식에 따르면 힘은 질량 곱하기 가속도이다. 이 법칙을 설명하기 위해 구식 대포를 예로 들어보겠다.

대포를 발사하면 폭발에 의해 대포알이 포신의 끝에서 나간다. 몇 미터를 날아 목표에 도달한다. 이와 동시에 대포 자체도 뒤로 몇 미터 뒤로 밀린다. 이것이 작용과 반작용이다(제3법칙). 대포와 대포알에 작용하는 힘은 같다. 제 2법칙으로

대포와 대포알 사이에 일어난 현상을 알 수 있다. 다음 두 공식을 살펴보겠다.

$$f = m(대포) \times a(대포)$$

그리고

첫 번째 등식은 대포에 관한 것이고 두 번째 공식은 대포알에 관한 것이다. 첫 번째 공식에서의 질량은 대포이고 가속도는 대포의 가속도이다. 두 번째 공식에서의 질량은 대포알의 질량이고 가속도는 대포알의 가속도이다. 힘(화약을 폭발시키는)은 두 공식에서 동일하므로 두 공식을 결합하여 다음과 같이 다시 표현할 수 있다.

$$m(대포) \times a(대포) = m(대포알) \times a(대포알)$$

공식의 양쪽 항이 동일하게 유지되기 위해 가속도가 질량에 따라 달라진다. 다시 말해 대포의 질량은 크고 가속도는 작으며, 대포알은 질량이 작고 가속도가 크다.

이 원칙을 로켓에 적용해 보자. 대포알의 질량을 로켓 엔진에서 분출되는 가스의 질량으로 바꿔본다. 대포의 질량을 다른 방향으로 이동하는 로켓의 질량으로 바꾼다.

로켓 엔진 내부에서 일어나는 제어 폭발로 만들어지는 압력이 힘이다. 이 압력으로 가스가 한 방향으로, 로켓은 그 반대 방향으로 가속도가 붙는다.

이 예에서 대포와 대포알에는 일어나지 않는 몇 가지 재미 있는 현상이 로켓에는 일어난다. 대포와 대포알은 추진력이 잠깐 동안만 지속된다. 그러나 로켓의 추진력은 엔진이 연소되는 동안 지속된다. 그리고 로켓의 질량은 비행 중에 달라진다. 로켓의 질량에는 엔진, 추진제 탱크, 페이로드, 제어 시스템, 추진제 등이 포함된다.

로켓의 질량을 가장 많이 차지하는 것은 추진제이며 엔진이 연소하는 동안 그 양이 계속 달라진다. 다시 말해 로켓의 질량은 비행하는 동안 점점 줄어든다.

앞에서 알아본 공식의 왼쪽 항이 오른쪽 항과 균형을 유지하려면 로켓의 질량이 줄어듦에 따라 그 가속도가 증가해야 한다. 바로 이 때문에 로켓이 천천히 움직이기 시작해서 우주로 가면서 점점 빨라지는 것이다.

뉴턴의 제2운동 법칙은 효율이 좋은 로켓을 설계할 때 특히 유용하다. 로켓이 낮은 지구 궤도로 올라가려면 28,000km/h 이상의 속도에 도달해야 한다. 40,250km/h 이상의 속도, 즉 탈출 속도에 도달하면 로켓이 지구를 벗어나 먼 우주까지 갈 수 있게 된다. 우주 비행 속도에 도달하기 위해서는 로켓 엔진이 가급적 최단 시간 안에 최대 작용력에 도달해야 한다. 다시 말해 엔진이 대량의 연료를 연소하여 최대한 빨리 엔진에서 가스를 밀어내야 한다.

뉴턴의 제2운동 법칙을 다음과 같이 다시 표현할 수 있다. 연소되는 로켓 연료의 질량이 엔진에서 배출되는 가스의 속도가 빠를수록 로켓의 추진력이 커진다.

6. 뉴턴의 운동 법칙 종합하기

불균형 힘은 로켓이 발사대에서 이륙하거나 우주선이 속력이나 방향을 변경할 때 사용되어야 한다(제1법칙). 로켓 엔진에서 만들어지는 추진력(힘)의 양은 로켓 연료의 질량이 연소되는 비율과 로켓에서 나오는 가스의 속도로 결정된다(제2법칙). 로켓의 반작용, 즉 운동은 작용, 즉 엔진의 추진력과 동일하면서 반대 방향이다(제3법칙).

 ## 어떻게 움직일까요?

항공기 엔진은 항공기가 전진할 때 필요한 추진력을 지속적으로 제공하도록 되어있다. 추진력은 항공기를 공중에서 앞으로 움직이게 하는 힘이다. 추진력은 비행기의 양력이 로켓의 무게를 넘어서도록 하기 위해 사용된다. 추진력은 일종의 추진 시스템을 통해 항공기 엔진에서 만들어진다.

 ### 학습목표

풍선의 공기가 빠질 때 풍선이 움직이는 방향을 관찰할 수 있다.
비행기, 로켓 또는 왕복선이 전진하는 방식을 이해한다.

 **해당학년** : 1~3학년   **소요시간** : 40분

 ### 이것이 필요해요

풍선, 학생용 학습지

 ### 핵심단어

추진력 : 항공기를 공중에서 움직이는 힘 또는 로켓 엔진에서 나오는 밀어내는 힘

 ### 활동 내용

1 미리 준비하기
학생을 2인 1조로 나누어 수업을 준비한다.

2 도전과제 소개하기
학생들에게 비행기나 로켓이 앞으로 갈 수 있는 이유에 대해 생각하게 한다.
 - 비행기가 앞으로 갈 수 있는 이유는 무엇입니까?

- 예상 답) 뒤쪽 끝에서 공기가 나오면서 비행기를 앞으로 밀어준다.
  엔진에서 생성하는 가스 때문에 전진한다.
  학생들에게 제트기나 비행기가 앞으로 전진하는 방법을 알아보는 실험을 할 것이라고 말한다.

3 도전과제 가설 세우기
가설을 세운다.
 - 풍선의 뒤쪽 끝에서 공기가 나오면서 풍선을 앞으로 밀어준다.
 - 공기가 한 쪽 방향으로 나오면 로켓은 반대 방향으로 움직인다.

4 도전과제 실험하기
학생들에게 학생용 학습지와 풍선을 나누어 준다.
풍선에 공기를 넣는다.
 - 풍선의 주둥이를 묶지 말고 공기가 나가지 않도록 잡고 있다.
   풍선의 주둥이가 왼쪽으로 향하게 하고 풍선을 잡는다. 풍선을 놓고 풍선의
   움직임을 살펴 결과를 적는다.
   풍선의 주둥이를 오른쪽으로 향하게 한다. 다시 풍선을 손에서 놓고 풍선의
   움직임을 살펴 결과를 적는다.
   풍선의 주둥이를 위로 향하게 한다. 풍선을 손에서 놓고 풍선의 움직임을 관찰한
   후 결과를 적는다.
   풍선의 주둥이가 땅을 향하게 한다. 풍선을 손에서 놓고 풍선의 움직임을 관찰한
   후 결과를 적는다.

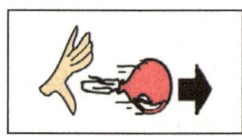

5 실험결과 토의하기
앞서 세운 가설을 확인하고 결론을 도출한다.
 - 풍선이 풍선 속 공기가 움직인 반대 방향으로 움직였다.
 - 공기가 한 쪽 방향으로 나오면 로켓은 반대 방향으로 움직인다.

 **지도상 유의점**

교사는 실험 방법을 소개한 후에 학생들이 실험 방법을 잘 익힐 수 있도록 도와주는 것이 좋다.
모든 동작에는 동일한 반작용(뉴턴의 세 번째 법칙)이 있기 때문에 풍선은 풍선에서 나오는 공기가
움직인 방향과 반대로 움직인다.
풍선에서 나오는 공기는 하나의 작은 주둥이에서 나오므로 한 방향에 집중되어 배출된다.

어떻게 움직일까요?

학년　반　이름

도전 과제　풍선에 바람을 넣은 후 풍선을 손에서 놓았을 때 풍선의 움직임을 관찰해 보세요.

 ### 핵심단어

* 다음 ( )안에 들어갈 말을 〈보기〉에서 고르세요.

　　　　〈보기〉　움직이는,　당기는,　밀어내는,　흔드는,　조절되는

- 추진력 : 비행기나 항공기가 공중에서 (　　　　) 힘.
　　　　　로켓 엔진에서 나오는 (　　　　) 힘.

 ### 생각해요

* 풍선의 뒤쪽 끝에서 공기가 나오면 풍선을 (앞, 뒤)로 밀어 줄 것이다.
* 공기가 한 쪽 방향으로 나오면 로켓은 (반대, 같은) 방향으로 움직일 것이다.

 ### 실험 방법

* 풍선에 공기를 넣는다.
* 풍선의 주둥이를 묶지 말고 공기가 나가지 않도록 잡고 있는다.
* 풍선의 주둥이가 왼쪽, 오른쪽, 아래, 위로 향하게 한 후, 풍선 주둥이를 놓는다.

 **활동 결과**

* 풍선이 어떤 방향으로 움직였나요?

	풍선이 움직인 방향
왼쪽	
오른쪽	
위쪽	
아래쪽	

* 실험 전의 예상과 비교하세요.
  - 풍선의 뒤쪽 끝에서 공기가 나오면 풍선을 (앞, 뒤)로 밀어준다.
  - 공기가 한 쪽 방향으로 나오면 풍선은 (반대, 같은) 방향으로 움직인다.

로켓을 움직여요

　간단한 실험을 통해 뉴턴의 제 3운동 법칙을 확인함으로서 학생들이 로켓의 원리를 이해하는데 도움을 주는 활동이다. 이 실험은 모든 작용에는 크기가 같고 방향이 반대인 반작용이 존재한다는 뉴턴의 제 3운동 법칙을 보여 준다. 이것은 로켓이 발사되는 원리에도 똑같이 적용된다.

 학습목표

풍선이 움직이는 방향을 보고 뉴턴의 제 3운동 법칙을 이해한다.

 **해당학년** : 1~3학년   **소요시간** : 40분

 이것이 필요해요

로켓 발사 그림 또는 도안(비디오테이프), 플라스틱 빨대 1개(밀크셰이크 크기), 긴 파티용 풍선 10개, 투명 유리 테이프, 낚시줄 6~8m, 가위, 스프링 빨래집게 1개, 빨대 로켓 도안 1장(색칠해 오려 낸 것), 교실용 의자 2개.

 이렇게 준비해요

풍선을 여러 개 충분히 준비하여 반복 실험을 할 수 있게 한다.

 활동 내용

1 미리 준비하기
- 실험 과정을 주의 깊게 검토하고 필요한 준비물을 모두 확인하며, 교실 내 어느 곳에서 실험을 할 지 결정한다.

2 도전과제 소개하기
- 로켓 발사의 그림 또는 비디오테이프를 학생들과 살펴본다.
  - 그림 또는 비디오테이프에서 볼 수 있는 내용에 대해 토의한다.
  - 로켓이 움직이는 방향에 주목하도록 하고, 엔진이 어디에 있는지 불꽃 또는 불이 어디로 나오는지 자세히 살펴본다.

- 학생들에게 로켓의 원리를 알고 있는지 물어보고 실험 내용을 소개한다.
  - 학생들에게 로켓이 어떻게 발사대에서 이륙하는지 알 수 있는 실험임을 알려준다.

③ 도전과제 준비하기
① 낚싯줄을 빨대 사이로 통과시킨다. 빨대가 끼워져 있는 낚싯줄의 각 끝을 의자 뒷면에 고정하고 줄을 팽팽하게 잡아 다닌다.
② 풍선을 불어 손가락이나 빨래집게로 바람이 새어 나가지 않도록 막아둔다.
③ 로켓 그림(<그림자료1>)을 풍선에 테이프로 붙인다.
  - 풍선의 바람이 빠지지 않도록 테이프로 풍선을 빨대에 조심스럽게 붙인다.
④ 학생들에게 풍선이 낚싯줄의 어느 지점에 있는지 보여준다.
  - 풍선 주둥이를 의자 쪽으로 오도록 풍선을 낚싯줄의 한쪽 끝에 놓는다.

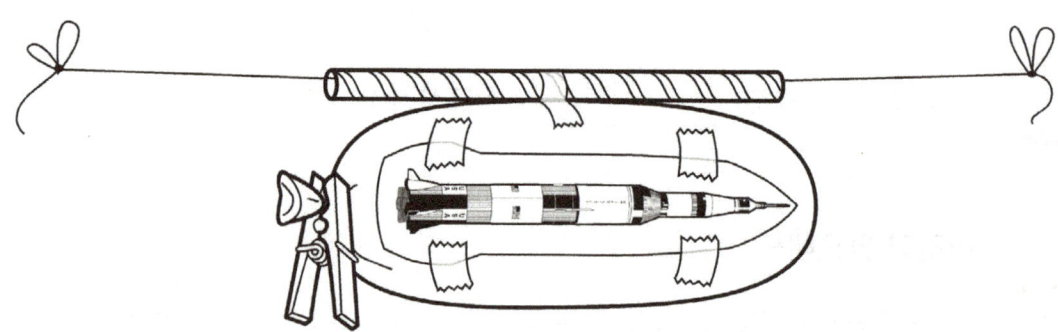

④ 도전과제 가설 세우기
- 풍선에서 공기가 빠져나올 것이라는 점을 학생들에게 말해 준다.
- 풍선이 어느 방향으로 움직일지 토의한다.
  - 공기가 빠져나오기 시작하면 풍선이 어느 방향으로 움직일 지 학생 들이 자신의 경험을 바탕으로 자유롭게 추측해 보게 한다.
  - 학생들이 풍선의 움직임에 대한 가설 또는 추측을 발표한다.
  - 학생들은 로켓이 움직일 거라고 생각하는 방향을 손가락으로 가리켜 표시한다.
- 학생들의 의견을 모아 하나의 가설을 만들어 종이에 적는다.
  - 가설의 예) 풍선은 공기가 빠져나오는 반대 방향으로 움직인다.

⑤ 실험 및 결과 토의하기
- 발사(풍선에서 공기가 빠져나오게 할) 준비를 한다. 로켓 발사처럼 풍선 주둥이를 놓기 전에 10,9,8,7...와 같이 카운트다운을 연습한다.
- 조심스럽게 손가락 또는 빨래집게를 풍선에서 떼어 공기가 빠져나오게 한다.
  - 풍선은 공기가 빠져 나오는 방향의 반대 방향으로 움직일 것이다.

- 학생들에게 자신의 추측 또는 가설이 맞았는지 물어본다.
- 반복하여 실험한 후 결과를 비교·확인한다.
  - 각 실험 결과를 종이에 기록하게 한다.
- 학생들이 결론을 내리게 한다.
  - 예) 공기가 풍선에서 빠져나갈 때, 풍선은 반대 방향으로 움직였다.
- 최초 가설 또는 추측이 맞았는지 토의한다. 학생들이 왜 풍선이 반대 방향으로 움직일 거라고 생각했는지 발표한다.
- 학생들에게 왜 풍선의 움직임이 실제 로켓의 움직임과 같은지 설명한다.
  - 로켓에서는 로켓 바닥에서 추진제가 빠져나오지만, 풍선 실험에서는 풍선 끝에서 공기가 빠져나온다. 로켓은 빠져나가는 추진제로 인해 이륙하고, 풍선은 빠져나가는 공기 때문에 움직인다. 로켓과 마찬가지로 풍선도 반대 방향으로 이동한다.(뉴턴의 제 3운동 법칙)

지도상 유의점

- 안전하게 실험하기 위해서는 어른이 풍선을 불어 주는 것이 좋다.
- 로켓 과학의 원리에 관한 뉴턴의 세 가지 운동 법칙 중 이 실험에 해당하는 운동 법칙은 제 3운동 법칙이다.
  - 이 운동법칙에 따르면, 모든 작용하는 힘에는 힘의 크기가 같고 방향이 반대인 반작용의 힘이 있다. 로켓이 엔진에서 연료나 추진제를 분사하면 그 로켓은 반대 방향으로 움직인다. 로켓이 추진제를 로켓 밖으로 밀어내고, 추진제는 로켓을 위로 밀어올린다. 추진제는 엔진에서 밖으로 나오고(작용), 로켓은 그 반대 방향으로 발사대에서 이륙하게 된다(반작용).
- 방향에 대해 토의할 때 "반대"라는 단어를 사용하도록 유도한다. 학생의 수준에 따라 반대의 개념을 소개하거나 복습할 수도 있다.
- 가설과 결론에 대해 설명해 주면 실험 과정에 도움이 될 수 있다.
  - 가설 : 과학자들에게 가설은 실험 시 발생할 것이라고 생각하는 일에 대해 합리적으로 잘 추측한 것.
  - 결론 : 실험에서 얻은 결과를 서술한 것.
- 과학자는 해당 결과의 신뢰성을 높이기 위해 실험을 반복적으로 실시함을 알려주고 학생들이 실험을 반복할 횟수를 합리적으로 선택하게 한다.
- 올바른 순서로 실험을 마쳐야 바른 결과를 얻을 수 있음을 알게 한다.
- 학생들이 순서를 말할 경우 첫째, 둘째, 셋째 같은 서수를 사용하도록 한다.
- 학생들이 풍선 실험 또는 로켓 발사의 움직임을 이야기할 때 방향을 나타내는 단어를 사용하게 한다 (위, 아래, 왼쪽, 오른쪽과 같은 단어 등).
- 권장 도서 목록이나 다른 자료를 통해, 로켓 발사 그림이 있는 책을 선택하여 학생들에게 로켓 발사 그림을 보고 로켓이 어떻게 움직이는지에 대해 생각해 보도록 한다. 학생들이 그림을 보고, 로켓이 움직이는 방향에 주목하게 한다.

 평가

- 학생들이 실험에 대한 질문에 답하는 모습을 관찰한다.
- 학생들이 종이에 실험에 관한 그림을 그리게 한다.
  - 학생들에게 각자의 그림을 설명하고, 풍선의 움직임과 빠져나가는 공기의 상관관계를 설명해 보게 한다.
  - 학생들에게 로켓의 원리를 설명해 보게 한다.

 **심화학습**

- 한 가지 조건만 바꾸어 실험하기
  - 예) 풍선을 빨대에 붙일 때 풍선 꼭지의 위치를 반대로 한다. 만약 이전 실험에서 풍선 꼭지를 왼쪽에 두었으면 이번에는 오른쪽에 놓는다.
  - 공기가 빠져나갈 때 풍선의 움직임에 대한 가설을 세운다.
  - 실험을 하고 가설이 맞았는지 토의한다.
  - 처음 실험과 이 실험의 공통점 및 차이점에 대해 이야기한다. 각 실험에서 풍선이 공기가 나오는 반대 방향으로 움직였는지 확인한다. 처음 실험에서 배운 내용 또는 결론이 다음 실험과 일치하는지 확인한다.
- 조건을 다른 방식으로 바꾸어 실험하기
  - 예) 낚싯줄의 위치를 바꾸어 한쪽 끝을 천장에 매단다. 빨대를 줄에 끼우고 줄을 팽팽하게 잡아당긴다. 풍선을 붙이고 다른 한쪽 끝을 의자 또는 방에 있는 물체에 고정한 후 실험을 한다. 학생들이 배운 내용을 새로운 상황에 적용해 보게 한다.

<그림자료1>

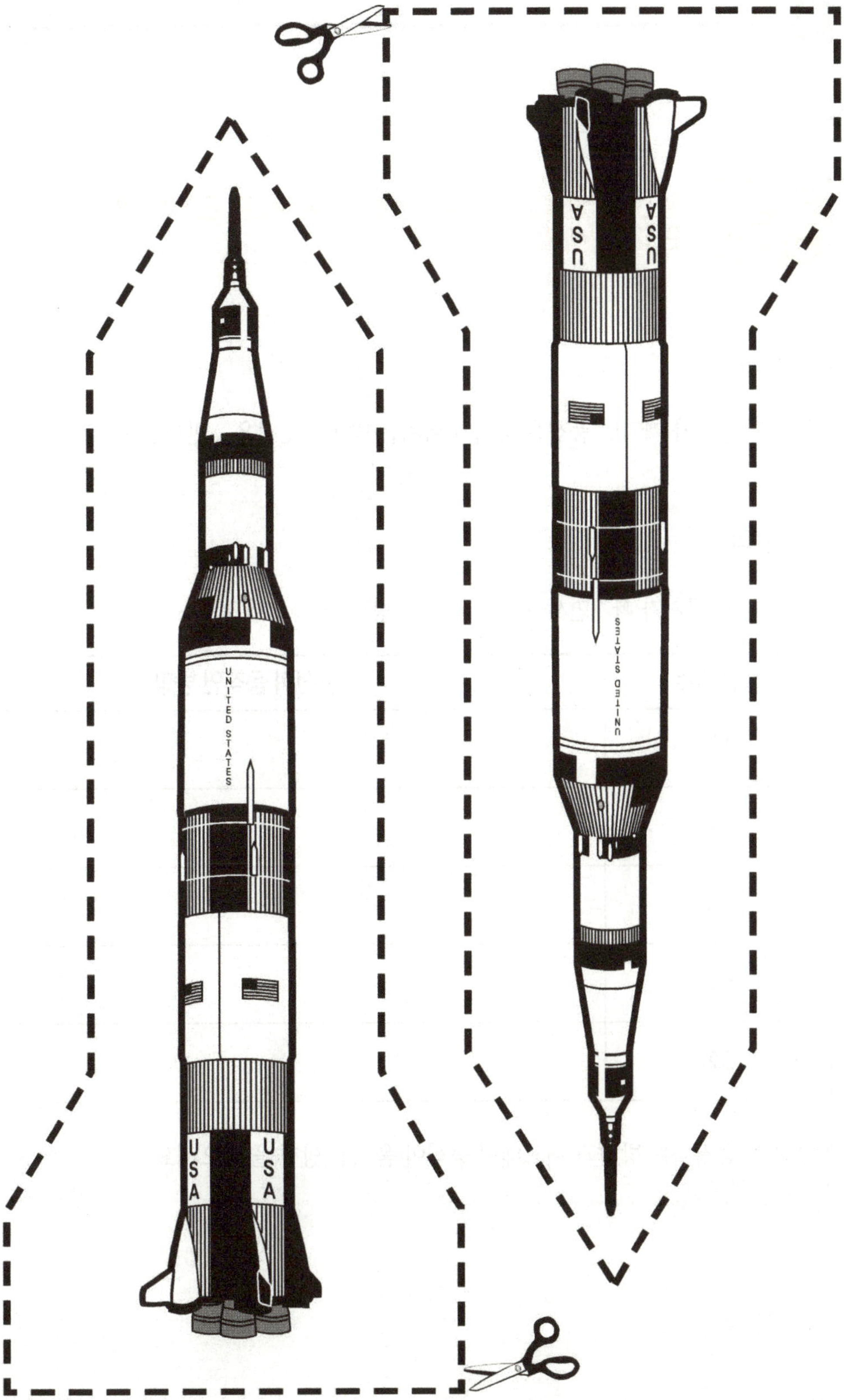

로켓의 원리

로켓을 움직여요.

학년　　　반
이름

도전 과제 풍선에 바람을 넣은 후 풍선을 놓았을 때 풍선이 움직이는 방향을 관찰해 보세요.

생각해요

* 풍선의 공기가 빠지면 풍선은 공기가 빠지는 방향과 (같은 , 반대)쪽으로 움직일 것이다

활동 결과

* 풍선 속의 공기가 빠지면서 풍선이 움직인 방향을 적으세요.

실험 회수	풍선이 움직인 방향
1회	
2회	
3회	
4회	
5회	

* 공기가 움직이는 방향과 비교해서 풍선이 움직인 방향을 적으세요.

 # 로켓 경주차

로켓 경주차는 뉴턴의 제 3운동 법칙을 적용하는 실험이다. 앞의 풍선 실험에서 알게 된 작용과 반작용의 힘을 실제로 이용해 볼 기회를 갖는 것이다. 풍선에서 나오는 공기의 힘으로 움직여야할 물건은 경주차이다. 바퀴와 바닥과의 마찰을 줄이면 경주차가 쉽게 이동할 수 있다는 것을 염두에 두고 실험을 하면 도움이 된다.

 ### 학습목표

로켓의 원리로 추진되는 자동차를 만든다.
로켓 경주차의 이동거리를 늘릴 수 있는 방법을 이해한다.

 **해당학년** : 4~6학년   **소요시간** : 80분

 ### 이것이 필요해요

스티로폼 식품 포장 접시, 구부러지는 플라스틱 빨대 3개, 소형 플라스틱 빨대(단면이 둥근것) 2개, 소형의 둥근 풍선, 핀 4개, 색 테이프, 컴퍼스, 가위, 10m 줄자, 사포(선택), 필기도구.

 ### 이렇게 준비해요

- 컴퍼스가 없을 때는 둥근 물체를 대고 바퀴를 만들거나 <그림자료1>로 제시된 바퀴와 휠캡을 사용한다.
- 경주차의 설계는 매우 중요하며 다양한 형태로 할 수 있다. 넓은 모양, 좁은 모양, I자형 몸체 또는 바퀴 3개, 4개, 6개 등 다양한 설계가 가능하다.
  - 경주차 바퀴는 스티로폼 컵 바닥을 사용해도 좋다.
  - 바퀴 양쪽에 휠캡을 달면 바퀴의 성능이 좋아질 수 있다.

 ### 활동 내용

1 미리 준비하기
- 수업 전에 탁 트인 넓은 공간이나 복도에 경주차가 달릴 수 있는 경주로를 만든다. 카펫을 깔아도 되지만 경주차 이동에 방해가 될 수 있다.
- 색 테이프로 10m 길이의 직선을 만들고 10cm씩 간격을 표시한다.

2 도전과제 소개하기
- 학생들에게 로켓 경주차 활동에 대해 설명한 다음 로켓 경주차 만드는 방법이 있는 학습지를 나누어 준다.
- 경주차 만드는 방법을 살펴보고 각 부분 자르는 법, 바퀴 다는 법, 풍선에 빨대를 붙이는 방법을 시범으로 보여 준다.
- 로켓 경주차 실험 보고서를 살펴보고 학생들에게 그래프 작성 방법과 관찰하고 적어야 하는 내용을 알려 준다.

3 도전과제 실험하기
- 학생 경주차가 준비되면 풍선을 불게 한 후 빨대 끝을 잡아 공기가 나가지 않게 한다.
- 경주차를 출발선 바로 뒤에 놓고 쥐고 있던 빨대를 놓게 한다.
- 경주차가 곡선으로 움직인 거리와 상관없이 경주차가 도달한 경주로의 직선거리를 측정한다.
- 각 조별로 경주차 실험을 세 번씩 한 후에 학생들에게 학습지를 작성하고, 설계도에 최종 설계를 그리게 한다.

4 실험결과 토의하기
- 자동차를 로켓 엔진으로 움직이게 하는 것이 좋은 생각입니까?
 - 도로에 로켓 자동차가 한 대만 있다면 괜찮겠지만 혼잡 시간대에 도로에 로켓 자동차가 가득하다고 상상해보자. 각 차마다 뒤에 있는 차에 대고 분출 가스를 뿜어댈 것이다.
- 로켓 경주차 바퀴와 일반 자동차 바퀴의 유사점과 차이점은 무엇입니까?
 - 로켓 경주차 바퀴는 지면과의 마찰이 적고 풍선에서 나오는 공기의 추진력이 작용하면 경주차가 굴러간다. 일반 자동차 바퀴는 지면과의 마찰에 따라 추진력이 좌우되고 엔진으로 바퀴가 돌아간다.

 ## 지도상 유의점

- 학습지에 제시된 경주차는 기본 경주차임을 강조하고 실험 후에 다양한 설계를 시도해 보도록 한다.
- 각 조별로 경주차가 달린 거리의 기록을 게시하여 학생들이 경주차를 개조하여 새 기록을 달성하고자하는 동기 부여를 할 수 있다.
- 경주차를 만들 때, 접시를 가위로 잘라도 되지만 예리한 연필로 스티로폼에 선을 그은 다음 조각을 떼어내는 것이 훨씬 쉽다. 연필로 선을 따라 그려도 좋고 연필 끝으로 스티로폼에 구멍을 뚫어 점선을 만든 다음 자를 수도 있다.
- 조각을 떼어낸 후 딱딱한 바닥에 대고 바퀴를 굴리면 가장자리가 매끈해진다. 사포를 이용해서 매끈하게 할 수도 있다.
- 풍선에 빨대를 연결한 테이프를 다시 확인한다. 풍선이 완전히 밀봉되어 있지 않으면 풍선을 부풀리기가 어렵고 바람이 새어나가 추진력이 줄어든다. 빨대를 연결하기 전에 풍선을 미리 불어두면 풍선이 부드러워져서 빨대로 잘 불어진다.
- 경주차가 잘 달리지 못할 경우 문제점과 해결점을 학생들 스스로 생각하게 한다.

흔히 발생하는 문제는 바퀴가 자동차 측면에 너무 가까이 붙어 있거나(마찰), 장착된 바퀴나 축이 구부러졌거나(경주차 경로 이탈), 바퀴 중앙에 장착된 축이나 바퀴가 원형이 아닌 경우이다.

- 로켓 경주차는 단순해 보이지만 여러 가지 요인이 복잡하게 작용해 작동시키기가 쉽지 않다. 일반적으로 자동차 질량이 작을수록 가속도가 크기(뉴턴의 제 2운동 법칙)때문에 무거운 로켓 경주차는 가벼운 경주차보다 성능이 떨어진다. 그러나 아주 작은 경주차는 다른 요인의 영향을 받는다. 휠 베이스가 짧은 경주차는 균형이 맞지 않아 달리는 도중에 회전하거나 경주차의 일부가 바닥에서 뜨기 쉽다. 또 풍선 질량 때문에 자동차 앞쪽이 바닥으로 기울어져 출발이 잘 이루어지지 않을 수 있다.

평가

- 학생들이 작성한 로켓 경주차 실험 보고서와 설계도를 살펴본다.
- 학생들에게 로켓 경주차를 예로 들어 뉴턴의 제3운동 법칙을 설명하는 문장을 적게 한다.

심화학습 1

- 구부러진 빨대에 풍선을 테이프로 붙여 풍선으로 움직이는 바람개비를 만든다. 빨대에 핀을 꽂아 연필 지우개에 다음 그림과 같이 고정시킨다. 풍선을 분 다음, 풍선의 바람이 빠지면서 풍선이 어느 쪽으로 움직이는지 관찰한다.
- 이 실험은 작용-반작용의 원리를 보여준다. 풍선의 공기가 밖으로 나오면서 풍선이 연필을 중심으로 회전한다. 이것을 로켓 자동차의 풍선으로 만들어진 직선 추진력과 비교한다.

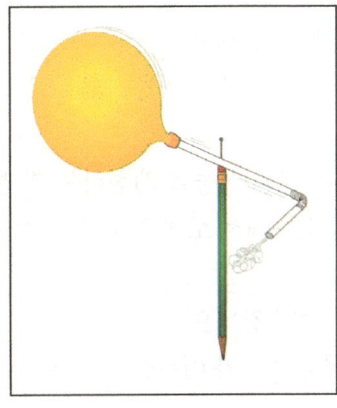

심화학습 2

- 로켓 경주차 경주대회를 연다. 3미터 길이의 경주로를 만들어 결승선을 제일 먼저 통과한 차가 가장 빠른 차가 된다. 스톱워치로 출발선부터 결승선까지 평균 속도를 잰다.
  (예: 3미터 주행에 4초 걸릴 경우 : 3(m)÷4(s)= 0.75(m/s) 또는 2.7km/h).
- 학생들에게 풍선 여러 개를 사용해 추진력을 높이도록 한다. 이 경우 하중을 추가해 균형이 맞는 경주차가 완성될 수 있게 설계하도록 한다.
- 동일한 재료를 사용하여 뉴턴의 제3운동 법칙의 작용-반작용 원리를 보여주는 다른 장치를 설계하게 한다.

로켓 경주차

학년　　반
이름

도전 과제　로켓 경주차를 만들어 경주차가 달린 거리를 측정해 봅시다.

로켓 경주차 실험 보고서

1. 첫 번째 경주에서 로켓 경주차가 어떻게 달렸는지 쓰세요.
   (직선으로 달렸나요? 아니면 곡선으로 달렸나요?)

   ─────────────────────────────────────

   얼마나 멀리 갔나요? _____ cm
   (자신의 경주차가 이동한 거리를 10cm단위로 그래프의 블록에 색칠을 하세요.)

2. 로켓 경주차의 성능을 개선하는 방법을 찾아 다시 실험합니다.
   두번째 경주에서 로켓 경주차 성능을 개선하기 위해 어떻게 했나요?

   ─────────────────────────────────────

   얼마나 멀리 갔나요? _____ cm
   (자신의 경주차가 이동한 거리를 10cm단위로 그래프의 블록에 색칠을 하세요.)

3. 로켓 경주차의 성능을 개선하는 방법을 찾아 다시 실험합니다. 세번째 경주에서 로켓 경주차성능을 개선하기 위해 어떻게 했나요?

   ─────────────────────────────────────

   얼마나 멀리 갔나요? _____ cm
   (자신의 경주차가 이동한 거리를 10cm단위로 그래프의 블록에 색칠을 하세요.)

4. 경주차가 가장 멀리 간 시험은 몇 번째 실험인가요? _____
   그 이유는 무엇인가요?

   ─────────────────────────────────────

로켓 경주차 데이터시트

이름 : _____

그래프에서 회색 부분은 로켓 경주차가 이동한 거리(센티미터)를 나타낸다.

로켓 경주차 1차 경주

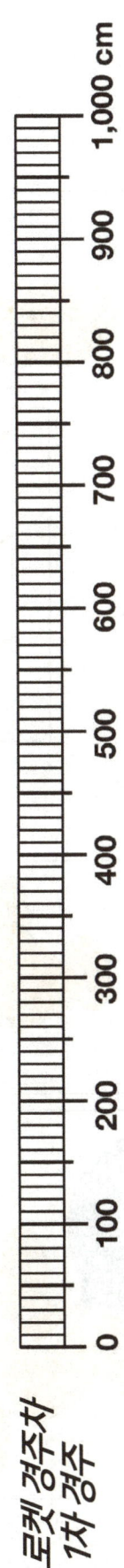

로켓 경주차가 어떻게 달렸는지 기술한다.(직선, 곡선, 회전, 정지 등)

경주차가 기대한 만큼 잘 달렸는가? 그 이유를 설명한다.

로켓 경주차 2차 경주

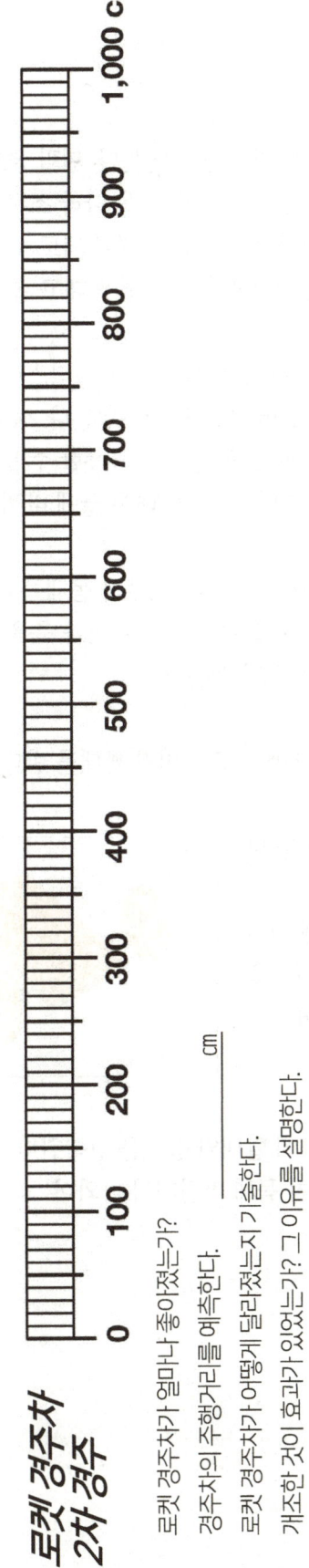

로켓 경주차가 얼마나 좋아졌는가?

경주차의 주행거리를 예측한다. _____ cm

로켓 경주차가 어떻게 달리졌는지 기술한다.

개조한 것이 효과가 있었는가? 그 이유를 설명한다.

로켓 경주차 3차 경주

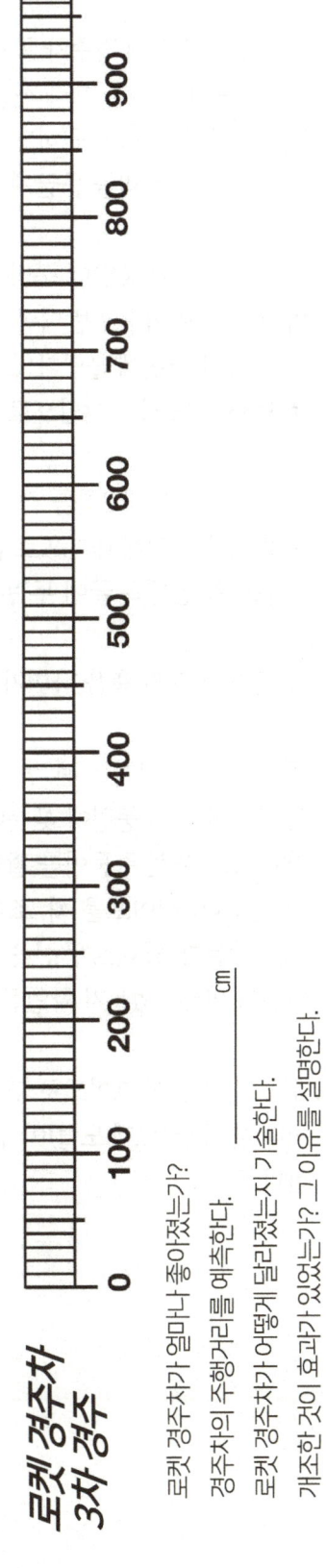

로켓 경주차가 얼마나 좋아졌는가?

경주차의 주행거리를 예측한다. _____ cm

로켓 경주차가 어떻게 달리졌는지 기술한다.

개조한 것이 효과가 있었는가? 그 이유를 설명한다.

■ 로켓 경주차 만드는 방법

① 스티로폼 접시에 경주차 몸체와 바퀴 도안을 놓는다. 연필 끝으로 스티로폼에 도안을 따라 선을 긋는다. 표시된 선을 따라 조각을 떼어 내고 가장 자리를 매끈하게 정리한다. 바퀴는 원형이 되도록 사포를 이용해 가장자리를 둥글게 다듬거나 딱딱한 표면에 대고 굴린다.

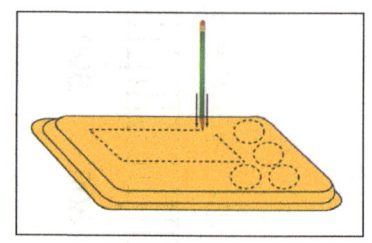

② 연필로 각 바퀴중앙에 구멍을 뚫는다. 축 빨대(소형 플라스틱 빨대)를 바퀴 구멍에 끼우고 반대쪽으로 1cm 나오게 밀어 넣는다. 색 테이프로 빨대의 끝을 감아 바퀴에 붙인다(〈그림자료1〉의 휠캡을 사용할 수 도 있음). 두 번째 축도 같은 방법으로 만든다.(아직은 반대쪽 끝에 바퀴를 달지 않는다.)

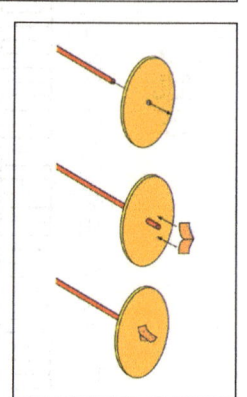

③ 구부러지는 빨대 2개를 같은 길이로 자른다. 경주차 몸체쪽 바닥쪽에 빨대가 서로 평행이 되게 테이프로 붙인다. ②에서 만든 바퀴와 축을 빨대 하나에 끼우고 축 반대쪽 끝에 두 번째 바퀴를 끼운다.

④ 두 번째 바퀴와 축을 나머지 빨대에 걸고 나머지 빨대를 반대쪽 끝에 장착한다.

⑤ 풍선을 불어 공기를 뺀 후, 빨대를 다음 그림과 같이 풍선에 꽂는다. 테이프로 풍선 주둥이를 빨대에 완전히 붙인다. 테이프를 꽉 조여 구멍을 모두 막는다. 빨대로 풍선을 불어 완전히 밀봉되었는지 확인한다.

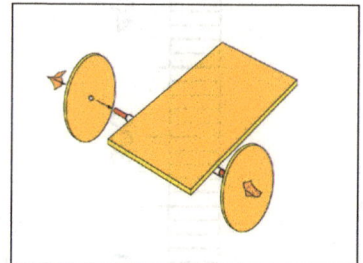 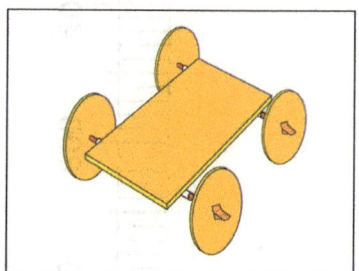

⑥ 위 그림과 같이 테이프로 경주차에 빨대와 풍선을 장착한다. 이때 빨대 끝(로켓 노즐)이 경주차 몸체 바깥까지 나와야 한다.

<그림자료1>

◼ 바퀴 도안 (십자가는 중앙을 표시함)

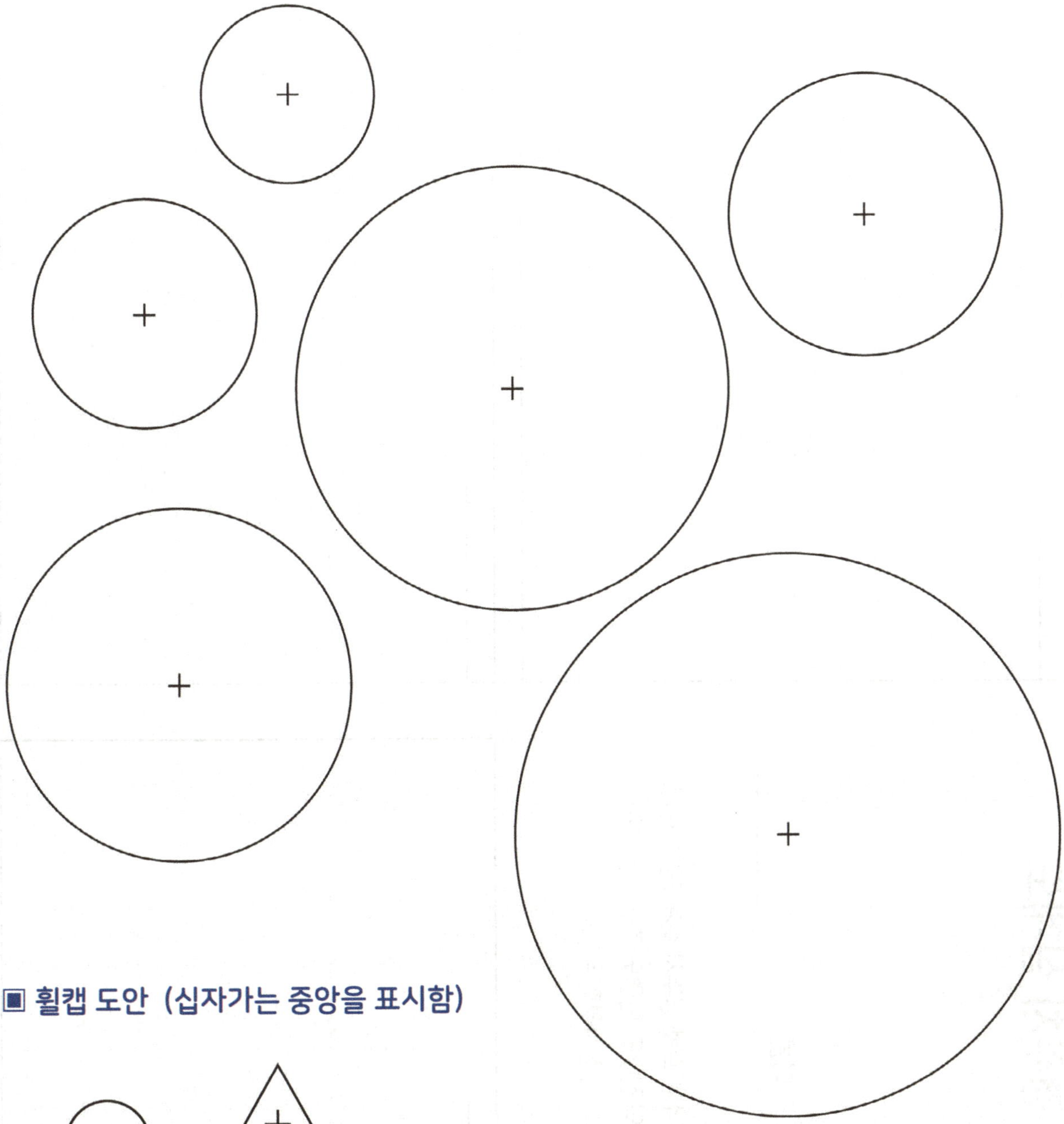

◼ 휠캡 도안 (십자가는 중앙을 표시함)

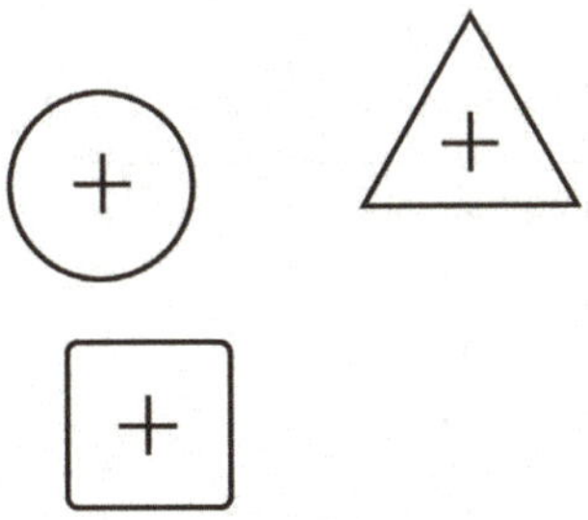

■ 로켓 경주차 설계도

이름 : _____

가장 우수한 로켓 경주차 설계도를 그린다.
경주차의 전면도, 단면도, 측면도를 그린다.
그래프의 각 정사각형 = 1cm

28

캔 헤로 엔진

B.C 1세기에 알렉산드리아에 살던 헤로가 발명한 "헤로 엔진"에 대해 알아보는 활동이다. 헤로 엔진은 증기 분출물로 생성되는 추진력에 의해 회전하는 구( )체이다. 원형의 통 안의 증기가 바람개비 모양으로 구부러진 L자형 관을 통해 밖으로 새어 나온다. 이 증기가 새어 나오면서 작용-반작용 힘이 생성되어 구( )체가 반대 방향으로 회전한다. 헤로 엔진은 뉴턴의 제 3운동 법칙을 보여주는 것으로 이 실험에서는 헤로 엔진의 증기 대신 떨어지는 물에 의해 만들어지는 작용 힘을 이용한다.

 학습목표

떨어지는 물의 힘으로 캔을 회전시켜 작용과 반작용을 이해한다.
캔 헤로 엔진의 회전수를 늘리는 방법을 찾을 수 있다.

 **해당학년** : 5~6학년   **소요시간** : 80분

 이것이 필요해요

【실험①】
따개 손잡이가 붙어있는 빈 음료수 캔 1개(조별), 보통 못(조별), 나일론 낚싯줄, 양동이 또는 물통, 화장지, 미터자, 가위.

【실험②】
학생용 학습지, <실험①>의 헤로 엔진, 따개 손잡이가 붙어있는 빈 음료수 캔 3개(조별), 다양한 크기의 못(조별), 나일론 낚싯줄, 양동이 또는 물통, 화장지, 미터자, 가위, 커다란 원형 고무 라벨 또는 마커 펜.

 로켓의 원리

 활동 내용

【실험 ①】

1 헤로 엔진 만들기

- 학생들을 2~3명을 한 조로 나눈다.
- 조별로 학생용 학습지, 음료수 캔 1개, 중간 크기의 보통 못 1개를 나누어 준다.
- 캔에 구멍 뚫는 방법을 보여준다.
 - 캔을 옆으로 뉘여 놓고 못으로 바닥 근처에 구멍 하나를 뚫는다. 못을 빼기 전에 한 쪽을 눌러 구멍이 못을 누른 방향으로 휘게 한다.
- 못을 빼고 캔을 90도 정도 돌린다. 첫 번째와 같은 구멍을 하나 더 만든다. 이 과정을 두 번 더 반복하여 캔 바닥에 같은 간격으로 구멍 네 개를 만든다. 구멍 네 개가 모두 같은 방향으로 휘어져야 한다.
- 캔의 따개 손잡이를 똑 바로 세워 40~50cm길이의 낚싯줄을 묶는다.

2 도전과제 실험하기

- 캔을 물이 담긴 물통에 담가 캔에 물이 가득 차게 한다.
- 학생들에게 낚싯줄로 캔을 당겨 올리면 어떻게 될지 예상하게 한다.
 - 뚫린 구멍에서 물이 나온다.
 - 물이 나오면서 캔이 회전한다.
  조별로 헤로 엔진을 실험하게 한다.
 - 물통에 담긴 캔을 끈을 잡고 꺼내 올린 후, 캔의 회전 동작을 관찰한다.

3 실험결과 토의하기

- 캔을 회전하게 하는 힘은 어디서 나오는 것입니까?
- 실제로 캔을 회전시키는 힘은 여러 가지 요소가 조합되어 나온다. 가장 중요한 것은 중력으로 중력은 캔 안의 물을 구멍 밖으로 흘러나오게 한다. 구멍의 모양에 따라 물줄기 방향이 결정되며, 구멍 크기는 물줄기의 분출 속도를 결정한다.
- 캔이 물줄기와 반대 방향으로 회전하는 이유를 설명하는 뉴턴의 운동 법칙은 무엇입니까?
- 뉴턴의 제3운동 법칙이다.
- 각 조의 실험 결과를 토대로 음료수 캔 헤로 엔진의 회전 수를 최대화 할 수 있는 방법은 무엇입니까?
- 가장 적합한 구멍 크기와 정확한 구멍 수, 가장 좋은 구멍의 위치 등에 따라 달라진다.

【실험 ②】

1 도전과제 설계하기

- 학생들에게 음료수 캔 헤로 엔진에 낸 구멍의 크기(구멍의 수, 구멍의 위치 등)와 캔의 회전 횟수 사이의 관계가 있는지 알기 위한 실험을 할 것임을 말한다.
- 학생들에게 캔 구멍의 크기(구멍의 수, 구멍의 위치 등)에 따라 회전이 어떻게 달라질지를 예측하게 한다.
- 실험에 가능한 가설을 토의한다.
- 엔진 회전 횟수를 계산하는 방법에 대해 토의한다.
  - 회전 횟수를 계산할 때 밝은 색상의 원형 고무 라벨이나 기타 마커 를 캔에 붙이면 도움이 된다.
  - 실제 실험에서 캔의 회전 수를 일정하게 측정할 수 있도록 학생들에게 캔 회전 횟수를 세는 것을 여러 번 연습하게 한다.

2 도전과제 실험하기

- 각 조에게 <실험②>에 필요한 재료를 제공한다.
- 첫 번째 엔진 만들 때 사용한 것과 굵기가 다른 못을 사용해야 한다.
  - 못에 소형(S)과 대형(L) 표시를 한다.
  - 고학년은 mm단위로 구멍 직경을 잴 수 있다.
  - 개별적 편차가 있으므로 구멍의 평균 직경을 기록한다.
- 조별로 처음과 같은 방법으로 헤로 엔진을 두 개 더 만들게 한다. 단, 구멍 크기(구멍의 수, 구멍의 위치 등)는 다르다.
- 학생들에게 각각 다른 헤로 엔진으로 실험을 3회 실시하여 학습지에 그 결과를 적게 한다.
  - 1차 실험에서는 <실험①>에서 만든 캔을 사용한다.
- 학생들에게 엔진의 회전에 변화를 주는 다른 방법을 제안하게 한다(다른 간격으로 구멍 뚫기, 다른 방향으로 구멍 구부리기, 구멍 구부리지 않기 등).

3 실험결과 토의하기

- 각 그룹의 실험결과에 대해 토의한다.
  - 결과를 통해 실험 가설이 확인되었습니까?
- 우주에서 로켓이 방향을 바꾸는 방법을 헤로 엔진의 작동 방식과 비교한다.
  - 헤로 엔진을 어떻게 반대 방향으로 돌릴 수 있습니까?
  - 헤로 엔진이 로켓과 비슷한 점과 다른 점은 무엇입니까?

지도상 유의점

- 캔 측면이 눌리지 않게 구멍을 뚫는 것이 중요하다.
  - 캔의 바닥 가장자리 근처에 못을 댄다.
- 구멍 뚫는데 사용하는 못의 끝이 양호한지 확인한다.
  바늘처럼 예리할 필요는 없고 무디지만 않으면 된다.
- 두 조가 동시에 실험을 하지 않게 한다.
- 캔의 구멍에서 물이 나오므로 실험 전에 엔진을 수조의 물보다 높게 들어올리지 않게 한다.
- <실험②>에서 학생들이 첫 번째 실험을 마치기 전에 두 번째, 세 번째 실험 결과를 예측하지 않게 한다.
- <실험②>에서 학생들이 생각한 변수(구멍의 크기, 구멍 수 등)를 한 번에 한 개만 바꾸도록 한다.
  <실험①>의 헤로 엔진을 기준으로 하여 한 가지씩만 달라져야 한다.(예)캔1-중간 크기 구멍, 캔2-더 작은 구멍, 캔3-더 큰 구멍)
- 활동을 마친 후에 캔을 재활용한다.

평가

- 각 조에게 실험 가설, 절차, 결과를 설명하고 발표하게 하고, 헤로 엔진의 회전 수를 늘릴 수 있는 여러 가지 방법을 제안하게 한다.
- 조별로 실험 결과를 토대로 결론을 적어 완성한 학습지를 제출하게 한다.

배경 지식 (교사용)

헤로 엔진

알렉산드리아의 헤로가 발명한 증기 엔진은 로켓은 아니지만 로켓(및 제트) 추진의 기본 원리가 사용되었다. 헤로 엔진의 정확한 모양은 알 수 없으나 밑에서 불로 가열하는 일종의 구리 용기로 만들어졌다. 용기에 담긴 물이 증기로 변해 두 개의 관을 타고 속이 비어 있는 구(球)체로 들어가면 구체가 자유롭게 회전한다.
구체에 연결된 L자형 관 두 개를 통해 증기가 가스로 분출되면 이 구체는 가스가 분출되는 방향과 반대 쪽으로 빨리 회전한다. 헤로 엔진은 재미있는 장난감처럼 보였지만 그 잠재력은 수천 년 후에 실현되었다.

헤로의 발명품은 증기를 발생시키는 열을 외부에서 가해야 했기 때문에 진정한 로켓 장치라고 할 수는 없다. 이런 점에서 헤로 엔진은 필요한 모든 장치를 갖추지 못했지만, 로켓은 필요한 모든 장치를 갖추고 있다.

이 활동에서는 학생들이 캔 측면에 바람개비 모양으로 기울인 구멍을 만들어 헤로 엔진 같은 장치를 만든다. 이 캔을 물에 담갔다가 꺼내면 중력에 의해 구멍으로 물이 시계 방향이나 시계 반대 방향으로 분출한다. 물줄기로 생긴 작용하는 힘에 반작용의 힘이 동반되어 캔이 물줄기와 반대 방향으로 회전한다.

음료수 캔 헤로 엔진은 잠재적 변수가 많다. 구멍 크기, 구멍의 기울인 각도, 구멍 수, 구멍 위치 모두 생성되는 추진력에 영향을 줄 수 있다. 이러한 변수 중에서 구멍 위치가 가장 중요하다.

캔 바닥 바로 위에 구멍을 뚫었을 때 중력의 효과로 추진력이 가장 크기 때문이다. 물줄기의 세기(추진력)는 압력에 따라 좌우된다. 용기의 수압은 바닥이 가장 세고 용기의 맨 위는 수압이 0이다(이 예에서는 공기압은 무시한다). 구멍이 용기 바닥과 가까울수록 물줄기가 세어진다.

물이 구멍 높이까지 다 빠지면 추진력이 중단되기 때문에 용기 바닥 쪽에 있는 구멍은 추진력 생성 시간이 위쪽에 구멍을 뚫었을 때 보다 더 길다. 그러나 추진력의 강도는 물기둥이 낮아질수록 감소한다.(물기둥 높이에 따라 압력이 떨어진다).

- 이 용기에 뚫은 각 구멍에서 물줄기가 생긴다.
- 바닥의 수압이 더 높아 물줄기가 더 멀리 발사된다.

다른 변수들도 많다. 예를 들어, 구멍이 많을수록 캔에서 나오는 물줄기가 많지만 물이 캔에서 빨리 배출된다. 또한, 구멍이 크면 작을 때보다 물이 더 빨리 배출된다. 휘어진 각도가 다른 구멍을 뚫으면 작용과 반작용의 힘이 서로 상쇄될 수 있다. 휘어지지 않은 구멍에서 나오는 물줄기는 캔과 직각을 이루어 회전이 일어나지 않는다. (학생들이 다양한 변수의 효과를 직접 발견하게 하는 것이 바람직하다.)

캔 헤로 엔진

학년   반
이름

 음료수 캔으로 만든 헤로 엔진의 회전수를 늘리는 방법을 알아 봅시다.

* 아래에 실험 가설을 적습니다.
　헤로 엔진의 회전수를 늘리기 위해서는 _____

헤로 엔진 1
- 구멍 수: ____
- 구멍 크기: ____
- 실제 회전 수: ____

헤로 엔진 2
- 구멍 수: ____
- 구멍 크기: ____
- 예상 회전 수: ____
- 실제 회전 수: ____
- 차이(+,-): ____

헤로 엔진 3
- 구멍 수: ____
- 구멍 크기: ____
- 예상 회전 수: ____
- 실제 회전 수: ____
- 차이(+,-): ____

* 결과를 고려했을 때 가설이 맞았나요?

* 이유는 무엇인가요??

도전 과제 — 회전 속도를 최대화하는 헤로 엔진을 새로 설계하고 만들어 보세요.

* 헤로 엔진 회전 속도를 높이기 위한 실험을 통해 알게 된 것은 무엇인가요?

___

* 헤로 엔진을 만들어 실험함으로써 알게 된 뉴턴의 운동 법칙은 무엇인가요?

___

헤로 엔진 4

구멍 수: ___
구멍 크기: ___
예상 회전 수: ___
실제 회전 수: ___
차이(+,-): ___

* 새 헤로 엔진이 처음에 만든 엔진보다 성능이 더 좋아졌나요?

___

* 이유는 무엇인가요?

___

* 새헤로 엔진에 대해 간략히 설명하세요.(구멍 크기, 구멍 수, 배치 등)

___

뉴턴 자동차

뉴턴 자동차는 뉴턴의 제 2운동 법칙, 힘은 질량 곱하기 가속도라는 것을 확인할 수 있는 활동이다. 자동차의 질량과 고무줄 수를 달리하여 학생들이 질량과 가속도의 관계를 직접 확인할 수 있다. 자동차에 실린 병의 질량과 가속도가 클수록(고무줄의 수가 많을수록) 힘이 커진다. 로켓의 힘은 엔진에서 나오는 가스로 생성되는데, 제2운동 법칙에 따르면 분출되는 가스의 질량과 엔진에서 나오는 가속도가 클수록 힘(추진력)이 커진다.

학습목표

뉴턴의 제 2운동 법칙의 질량, 가속도와 힘의 관계를 이해한다.

해당학년 : 5~6학년    소요시간 : 80분

이것이 필요해요

10 × 20 × 2.5cm 크기의 나무 블록 1개, 7~8cm 정도의 나무나사 또는 못 3개, 플라스틱 필름 통 1개, 필름 통에 채워 넣을 각종 재료(물, 너트, 클립, 동전, 구슬 등), 고무 밴드 3개, 면실, 가위 또는 라이터, 저울, 드라이버, 미터 자, 자동차 굴러갈 길 만드는 재료(길이가 비슷한 못, 둥근 연필, 음료수 빨대 20개 정도), 그래프 용지, 각 학생용 보안경

이렇게 준비해요

- 필름통을 구하지 못한 경우에는 약병 등 대신 할 수 있는 작은 통으로 준비한다.

활동 내용

1 미리 준비하기
- 조별로 실험을 준비할 수 있는 공간을 만든다.
- 조별로 필름 통에 넣을 다양한 재료를 병에 넣어 준비한다.

2 도전과제 소개하기

- 조별로 뉴턴 자동차 만드는 방법이 적힌 학습지를 나누어 준다.
- 뉴턴 자동차 만드는 방법을 설명하고 조별로 뉴턴 자동차를 만든다.
- 실험 전에 실험과정에서 변수를 제어해야 하는 중요성에 대해 이야기 한다.
  - 끈 고리의 크기, 자동차의 질량, 은못(바닥에 깔아 두는 것) 위치 등 학생들이 제어해야 하는 변수가 많다.

3 도전과제 실험하기

- 대략 이 크기의 끈 고리 여섯 개를 만든다.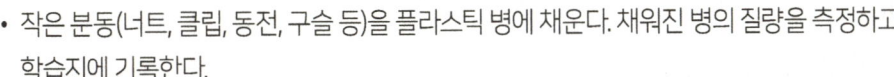
  - 고리의 크기는 가급적 동일해야 한다.
  - 고리 크기가 다르면 고무 밴드가 늘어나는 길이가 달라져서 실험할 때마다 질량의 가속도가 달라진다.
- 작은 분동(너트, 클립, 동전, 구슬 등)을 플라스틱 병에 채운다. 채워진 병의 질량을 측정하고 학습지에 기록한다.
- 다음 그림과 같이 뉴턴 자동차를 설치한다. 먼저 고무줄을 끈 고리에 건 다음 고무줄 양쪽 끝을 기둥 두 개에 건다. 끈을 뒤로 당겨 고무줄을 늘린 다음 세 번째 기둥에 끈 고리를 걸어 고정시킨다.

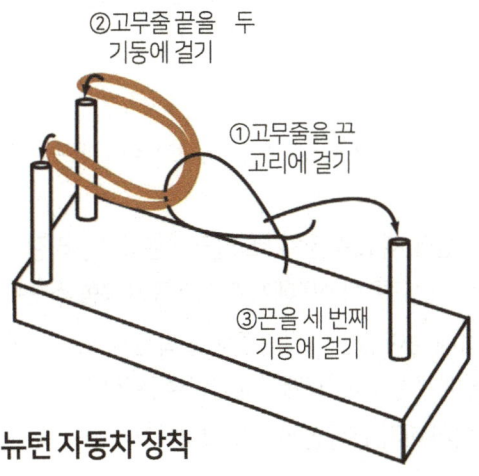

뉴턴 자동차 장착

- 매끈한 바닥이나 테이블 위에 빨대를 철도 침목처럼 5센티미터 간격으로 늘어 놓는다. 한쪽 끝에 있는 빨대 위에 다음 그림과 같이 뉴턴 자동차를 놓는다.

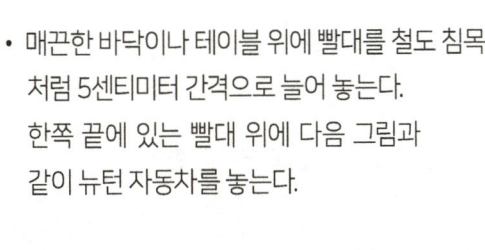
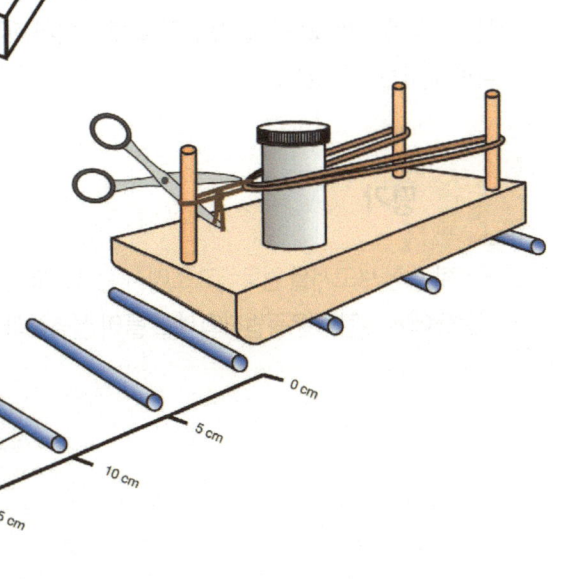

- 가위로 끈을 자른 다음 가위를 재빨리 치운다. 고무줄에 의해 뉴턴 자동차에서 병이 튕겨나가고 자동차는 빨대 위에서 반대 방향으로 굴러간다.
- 뉴턴 자동차의 이동 거리를 재고 그 거리를 학습지에 기록한다.
- 고무줄 두 개를 사용하여 실험을 반복한다. 빨대를 설치하고 전과 똑같이 뉴턴 자동차를 그 위에 배치한 후 실험을 하고 이동한 거리를 기록한다.
- 병에 다양한 물체를 넣고 그 질량을 측정한다. 질량을 기록하고 고무줄 한 개와 두 개로 실험을 반복하여 자동차가 이동한 거리를 기록한다.
- 한 번 더 병에 분동을 넣고 질량을 측정한다. 질량을 기록하고 고무줄 한 개와 두 개로 실험을 반복한 다음 실험 결과를 기록한다.
  학습지의 문제를 풀고 사용된 고무줄의 질량 및 개수와 뉴턴 자동차의 이동 거리 사이의 관계에 관해 적는다.

4 실험결과 토의하기
- 고무줄을 추가하면 가속도가 어떻게 달라집니까?
  - 고무줄의 개수를 늘리면 고무줄의 수축 속도가 빨라져 병에 더 큰 가속도가 부여된다.

지도상 유의점

- 뉴턴 자동차 실험은 길고 평평한 테이블 상판 또는 카펫이 깔리지 않은 바닥과 같이 매끈한 곳에서 한다.
- 각 조별로 실험 방법이 일정한지 확인한다.
  - 예를 들어, 각 실험마다 빨대 위치가 다르면 실험에 새로운 변수가 도입되어 결과가 달라질 수 있다.
  - 작은 테이프 조각으로 빨대의 위치를 표시할 수 있도록 학생들에게 테이프를 제공할 수 있다.
- 성냥이나 라이터로 끈을 태워 자를 경우, 매듭에 남아 있는 약간의 끈이 도화선 역할을 하므로 끈이 다 타기 전에 성냥을 치워도 된다. 안전을 위해 학생들에게 한 번에 몇 개의 성냥만 주는 것이 좋다.
- 실험 결과를 그래프로 그릴 때 결과를 보기 쉽게 하기 위해 선의 색을 달리하거나 선의 종류(굵은선, 점선 등)를 다르게 하는 것이 좋다.

평가

- 작성할 실험 보고서를 검토하고 조에서 설명할 질량, 가속도 및 뉴턴 자동차의 이동 거리를 확인한다.
- 학생들에게 뉴턴의 운동법칙의 예를 들어 설명하라고 한다.

뉴턴 자동차

학년   반
이름

뉴턴 자동차를 만들어 보세요.

① 나무 블록을 약 20cm길이로 자른다.
② 〈그림1〉처럼 나무못을 넣을 구멍을 세 개 뚫는다.
③ 나무못에 접착제를 붙여 구멍에 끼운다.
   (②에서 나사못을 사용할 경우에는 ③을 생략한다.)
④ 끈 고리와 고무줄을 걸어 〈그림2〉와 같이 완성한다.

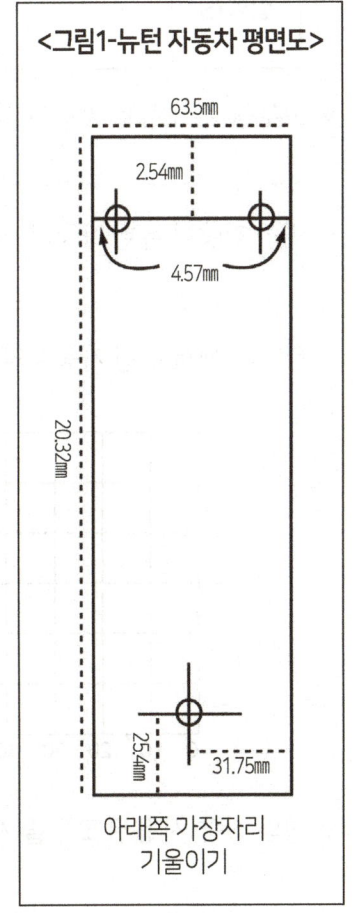

〈그림1-뉴턴 자동차 평면도〉

아래쪽 가장자리 기울이기

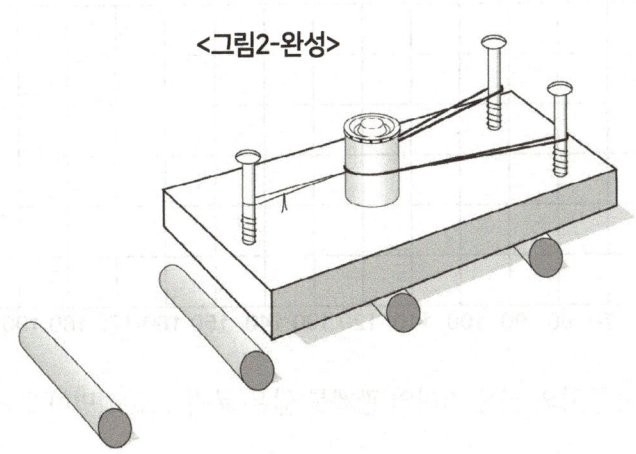

〈그림2-완성〉

■ 뉴턴 자동차 실험 보고서

* 실험 결과

	병 질량	고무줄 수	자동차 이동 거리
실험 ①		1	cm
		2	cm
실험 ②		1	cm
		2	cm
실험 ③		1	cm
		2	cm

* 고무줄 수가 뉴턴 자동차 이동 거리에 어떤 영향을 주었나요?

* 병의 질량이 뉴턴 자동차 이동 거리에 어떤 영향을 주었나요?

* 각 실험에서 뉴턴 자동차의 이동 거리를 막대 그래프로 나타내세요.

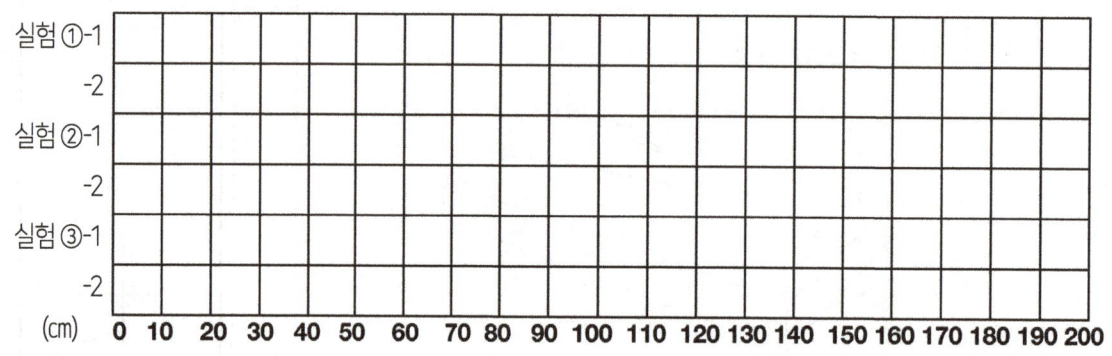

* 병의 질량, 사용된 고무줄 개수, 뉴턴 자동차의 이동 거리의 관계를 짧은 문장으로 설명하세요.

로켓-무게 들어올리기

로켓의 질량에 따라 로켓이 성공적으로 발사되거나 발사대에서 벗어나지 못할 수도 있다. 로켓 전체 무게보다 큰 추진력이 엔진에서 생성될 때 로켓이 지상에서 이륙할 수 있다. 우주선을 우주로 실어 보내는 대형 로켓은 무게가 매우 중요하다. 정확한 궤도 속도로 우주에 도달하기 위해서는 상당량의 추진제가 필요하기 때문에 탱크, 엔진, 관련 금속 기계 설비도 커진다. 큰 로켓은 작은 로켓보다 일정 지점까지는 멀리 난다. 그러나 로켓이 너무 커지면 무거워지기 때문에 발사에 문제가 된다.

학습목표
풍선 로켓을 만들어 물건을 실은 중량체 운송 로켓이 발사되는 원리를 이해한다.

해당학년 : 4~6학년   소요시간 : 80분

이것이 필요해요
크고 긴 풍선(조별 여러 개), 낚싯줄, 빨대, 작은 종이컵, 집게 클립( ), 클립(여러 개), 테이프, 빨래집게, 저울

이렇게 준비해요
- 풍선이 터지거나 늘어나서 교체할 필요가 있을 수 있으므로 풍선을 충분히 준비한다.

핵심단어
페이로드 : 로켓으로 운반하는 화물(과학 기기, 위성, 우주선 등).

 활동 내용

1 도전과제 소개하기

- 풍선 로켓으로 물체를 들어 올리는 실험을 할 것을 학생들에게 알려준다.
  - NASA는 중량체 운반 로켓을 궤도로 발사할 창의적 아이디어를 찾고 있다. 중량체 운반 로켓에는 국제 우주 정거장과 사람을 달과 화성까지 태우고 갈 우주선에 필요한 부품과 비품이 포함된다.
    NASA는 먼 우주까지 가는 로켓에 동력을 제공할 때 사용될 대형 연료 탱크를 운반할 수 있는 로켓에도 관심이 있다. 동일한 재료로 가장 효율적인 중량체 운반 로켓을 만들 수 있는 방법을 생각해본다.
    우주(천장)로 가장 무거운 페이로드를 발사할 수 있는 조가 우승하는 실험이다.

2 도전과제 실험하기

- 낚싯줄을 천장이나 벽에 최대한 높이 단다. 집게 클립을 낚싯줄에 걸어 조명이나 천장 타일 걸쇠에 건다. 낚싯줄에서 바닥이나 테이블 상판에 수직으로 떨어지게 한다.
- 낚싯줄을 빨대로 통과시킨다. 그런 다음 낚싯줄 끝을 테이블 상판이나 바닥에 연결한다.
  - 낚시줄 아래쪽 끝을 바닥에 고정시키는 것이 매우 중요하다.

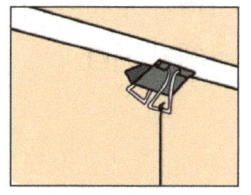
천장 틀에 부착할 집게 클립

- 풍선을 불고 빨래집게로 막아놓고, 발사 전에 집게를 제거한다.
- 무거운 짐을 운반하는 화물실로는 종이 컵을 사용한다. 테이프를 사용해 컵을 풍선에 붙인다.
- 학생들에게 컵을 풍선에 붙이기에 좋은 위치를 생각해보라고 한다.
  (<그림1>참조)
- 테이프를 이용해 로켓 측면에 빨대를 붙인다. 빨대를 풍선의 세로로 붙여야 한다. 빨대 방향을 따라 낚싯줄을 연결할 것이다.
- 이제 빨래집게를 빼기만 하면 발사가 된다.
- 학생들에게 로켓을 실험한 후에 천장까지 올릴 수 있는 무게를 예측하라고 한다.

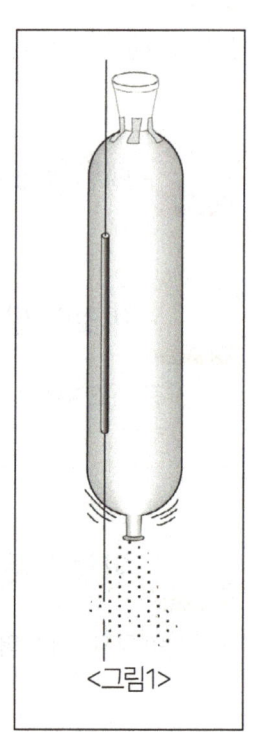
<그림1>

3 도전과제 토의하기

- 풍선과 로켓에 관해 발견한 사실을 비교한다.
- 풍선이 줄을 따라 가야 하는 이유는 무엇입니까?
- 효율적인 중량 운반체를 만드는 것이 중요한 이유는 무엇입니까?
  - 우주 여행은 매우 어렵고 비용이 많이 드는 작업이다. 이 작업에는 거대한 로켓과 엄청난 양의 추진제가 필요하다. 일부 로켓은 페이로드 1kg을 지구 궤도에 올리는데 약 2천만원의 발사 비용이 든다. 이렇게 많은 비용이 들게 되면 물 0.5리터에 약 1천만원이나 하는 우주 호텔에 묵게 될 수 있다. 중량체 운반 로켓을 개선하면 (더 가벼운 로켓 구조물, 더 효율적인 엔진 등) 훨씬 더 합리적인 비용으로 훨씬 더 많은 일을 우주에서 해낼 수 있을 것이다.

지도상 유의점

- 천장에 낚시줄을 연결할 때 로켓이 위로 잘 올라가도록 낚싯줄이 팽팽해야 한다.
- 풍선 펌프를 이용해서 풍선을 불면 편리하다.
- 낚싯줄을 따라 로켓이 올라가는 높이를 학생들이 쉽게 확인할 수 있도록 마커로 미터 단위를 표시해 두면 좋다.
- 학생들이 실험 중간에 로켓의 들어 올리는 능력을 향상시킬 수 있는 방법으로 풍선 로켓의 모양을 바꾸는 것을 허용한다.
- 예) 풍선 추가, 화물실 위치 변경, 동일한 추진력을 유지할 수 있도록 바람 빠진 풍선 교체 등
- 학생들이 클립을 달 수 있는 여러 가지 방법을 고안해도 좋다. 예를 들어 다음 그림처럼 비닐봉지를 사용할 수도 있다. 각 조별로 다양한 아이디어를 생각하게 한다.

<그림2> 클립을 다는 방법

 ### 평가

- 학생들의 발사 결과를 비교한다.
- 사용한 풍선의 개수는 몇 개입니까?
- 로켓을 천장까지 올릴때 실은 클립의 개수는 몇 개입니까?
- 풍선에 종이 클립을 붙이는 방법은 무엇입니까?
- 발생한 문제점과 이것을 해결하기 위한 방법은 무엇입니까?
- 학생들에게 발사 성공에 필요한 요소와 훨씬 더 성공적인 중량물 발사기를 만들 때 활용할 수 있는 아이디어를 토의하게 한다.

 ### 심화학습

- 각 풍선이 10억원이고 100개의 클립을 들어 올려야 한다면 얼마를 써야 합니까? 이 비용을 줄일 수 있는 방법이 있을까요?
- 종이컵을 운반체로 사용하지 않고, 풍선이 수평, 수직 및 45도로 이동한 거리를 미터 단위로 측정하고 그 차이에 대해 이야기한다.

로켓의 원리

로켓-무게 들어올리기

학년　　반
이름

도전
과제

풍선 로켓을 이용해 무거운 물체를 높이 올려 보세요.

* 실험결과

실험	들어 올릴 무게 예측 (클립수)	실제로 들어 올린 무게 (클립수)
1		
2		
3		
4		
5		

* 더 많은 무게를 운반하기 위해 로켓을 어떻게 변경했나요?

* 최고의 로켓 그리기 *

* 그밖에 무엇을 변경하면 로켓의 성능을 높일 수 있을까요?

44

등용 로켓 사용

풍선 다단화

이 실험은 16세기에 요한 슈미트랩이 최초로 제안한 로켓 다단화를 간단하게 보여준다. 로켓이 대기권 밖으로 이동하는 데에는 엄청난 양의 에너지가 소요된다.
하단에서 추진제가 모두 분출되면 로켓에서 단이 떨어져 나가 상단체가 더 높은 고도에 잘 도달할 수 있게 한다. 일반적인 로켓은 단 위에 단이 장착되며 제일 낮은 단이 가장 크고 무겁다. 우주 왕복선은 단이 나란히 부착된다.
다단화 방식 덕분에 우주 왕복선을 타고 우주로 나갈 수 있는 것은 물론 다양한 우주선을 이용해 달과 다른 행성에도 갈 수 있다.

 학습목표

낚싯줄에 건 풍선 두 개를 움직여 다단 로켓 발사 실험을 하고 다단 로켓을 이해한다.

 해당학년 : 3~6학년    **소요시간** : 40분

 이것이 필요해요

긴 파티용 풍선 2개, 낚싯줄(무게는 상관 없음), 플라스틱 빨대 2개(밀크셰이크 크기), 스티로폼 커피 컵, 테이프, 가위, 스프링 달린 빨래집게 2개

 이렇게 준비해요

- 재료를 조별로 준비하며 풍선의 개수는 여유있게 준비한다.
- 빨대는 가급적 구부러지지 않는 것으로 준비한다.

 핵심단어

단 : 더 높은 고도에 도달하거나 더 많은 물건을 실을 수 있도록 위로 쌓은 두 개 이상의 로켓
다단 로켓 : 서로 다른 여러 개의 엔진 또는 단계별 엔진을 연소하며 1단계 엔진으로 로켓이 발사대에서 이륙한 후 떨어지고 2단계 엔진이 점화되면서 나머지 로켓을 훨씬 더 높은 고도로 운반하는 로켓이다. 로켓에 따라 더 많은 단계를 사용 할 수 있을 것이다. 예를 들어 새턴 5호 달 로켓은 다섯단계를 사용해 비행사들을 달에 올려 놓고 추가된 두 단계를 이용해 지구로 돌아 왔다.

 **활동 내용**

1 도전과제 소개하기
- 로켓의 다단화를 간략하게 설명한다.
- 풍선 로켓을 이용하여 로켓 다단화를 실험할 것을 안내한다.

2 도전과제 실험하기
- 낚싯줄을 빨대 두 개 사이로 관통시킨다.
- 교실을 가로 지르도록 낚싯줄을 살살 당겨서 양쪽 끝을 고정시킨다.
  - 사람들이 밑으로 안전하게 다닐 수 있도록 낚싯줄을 높이 단다.
- 커피 컵을 반으로 잘라서 컵 언저리가 고리모양이 되도록 한다.
- 풍선을 미리 불어서 잡아 늘인다.
① 첫 번째 풍선을 3/4 정도 불고 주둥이를 꽉 조인다.
② 풍선 주둥이를 당겨서 고리를 통과하도록 한다.
③ 주둥이를 꼬아 스프링 빨래집게로 묶어둔다.
④ 두 번째 풍선을 분다.
⑤ 풍선을 불 때 두 번째 풍선의 앞쪽 끝이 고리를 짧게 통과하게 만든다.
   두 번째 풍선을 불면 첫 번째 풍선 주둥이가 눌려 집게의 역할을 대신한다.
⑥ 두 번째 풍선 주둥이도 집게로 막는다.
- 선들을 낚싯줄 끝으로 가져와 각 풍선을 테이프로 빨대에 붙인다. 풍선들은 낚싯줄과 평행해야 한다.
- 첫 번째 풍선에서 집게를 제거하고 풍선 주둥이를 푼다. 두 번째 풍선 주둥이도 풀지만 손가락으로 계속 잡고 있는다.

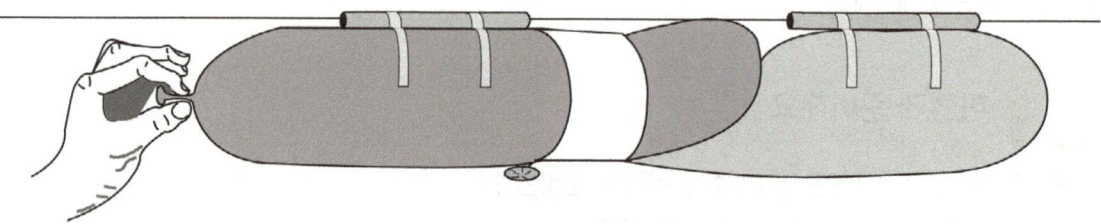

- 원한다면 잡고 있는 풍선을 놓을 때 로켓 카운트다운을 센다. 바람이 나오면서 풍선 두 개가 낚싯줄을 따라 전진한다. 첫 번째 풍선의 바람이 다 빠지면 두 번째 풍선이 계속 이동한다.

3 실험결과 적용하기
- 설계도를 나눠주고 학생들에게 다단식 로켓을 직접 설계하고 설명하게 한다.

지도상 유의점

- 낚싯줄을 팽팽하게 매야 풍선이 잘 움직일 수 있다.
- 낚싯줄을 학생들의 이동이 적은 벽에 붙여야 안전하다.
- 저학년의 경우에는 발사를 위한 조립 단계가 어려울 수 있으므로 교사의 시연 실험으로 대신할 수 있다.

평가

- 학생들의 다단식 로켓 설계도를 살펴본다.
- 각 학생에게 자신의 로켓을 설명하게 한다.

심화학습

- 학생들에게 나란히 있는 풍선과 3단 발사 배치도 실험해 볼 것을 유도한다.
- 학생들이 낚싯줄 없이 2단 풍선을 날리기 위해서 풍선을 어떻게 개조할 수 있을지 생각하고 토의하게 한다.

풍선 다단화

학년　반
이름

 **도전 과제**　다단 로켓을 설계해 보세요.

다단 로켓 설계하기

배경 지식 (교사용)

질량 제어

로켓의 총 질량은 성능에 큰 영향을 준다. 로켓 질량이 엔진이 들어 올릴 수 있는 것보다 클 경우 로켓은 지구를 떠나지 못한다(제1법칙). 로켓이 가벼울수록 성능이 좋아진다. 그러나 로켓에 모든 추진제를 실어야 하는데(아직 우주에는 충전소가 없으므로) 로켓 질량의 대부분을 이 추진제가 차지한다. 연소되는 추진제의 질량은 추진력의 중요한 부분(제2법칙)이기 때문에 질량 절감은 다른 부분인 로켓 구조물에서 이루어져야 한다.

로켓 탱크를 만들 때 경량 재료를 사용하고 가로대로 보강하는 것이 질량을 절감하는 좋은 방법이다. 수소 및 산소 추진제를 냉각시켜 액화하면 총 부피가 줄어 좀 더 작은 탱크를 사용할 수 있고, 짐발 엔진 제어는 무거운 안정판을 없앨 수 있다.

새 로켓을 설계할 때 로켓 과학자(및 공학자)는 질량 비 문제를 생각한다. 질량 비는 로켓 추진제의 질량과 로켓의 총 질량 사이의 수학적 관계를 뒤집은 것이다. 이 공식에서 가장 효율적인 로켓의 질량 마찰은 약 0.91이다.

다시 말해 로켓 전체에서

MF = 질량(추진제) / 질량(로켓전체)

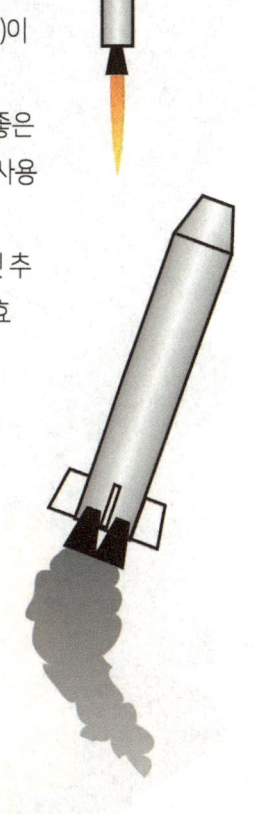

추진제가 그 질량의 91%를 차지하며 로켓 구조물과 페이로드가 나머지 9%를 차지한다. 추진제 질량은 꼭 필요한 것이므로 질량 절감 노력은 주로 구조물과 페이로드에 집중된다.

다단화는 로켓의 질량을 줄이기 위한 오래된 방법이며 간단한 방법이다. 예를 들어 로켓을 3단형으로 만들 경우 1단 로켓은 그 위에 그 보다 작은 것을 얹고 2단 로켓에는 훨씬 더 작은 로켓을 얹고, 3단 로켓에는 페이로드를 얹는다.

1단 로켓이 자체 질량과 나머지 두 개 로켓의 질량을 들어올린다. 1단 로켓이 모두 소진되면 떨어져 나가고 2단 로켓이 점화되면 속도가 빨라지고 고도가 높아진다. 2단 로켓이 소진되면 다시 떨어져 나가고 3단 로켓이 페이로드 전달 임무를 완료한다. 이처럼 다단화를 통해 비행하면 로켓 질량이 줄어 상단체의 작업 효율이 높아진다.

로켓의 원리

2. 로켓 발사

① 단원 소개

본 단원은 여러 가지 로켓 발사 실험 활동으로 구성하였다. 종이, 빨대, 병 등의 재료를 이용하여 로켓을 만들어 발사하는 실험을 한다. 로켓 발사를 통해 로켓 발사과정과 함께 로켓의 안정판과 원뿔형 기수가 로켓 비행에서 하는 역할을 이해할 수 있다.

② 주제 안내

순	주 제	대상학년	소요시간
1	종이 로켓	4~6학년	80분
2	빨대 로켓 발사기	4~6학년	20분
3	빨대 로켓	4~6학년	40분
4	3-2-1-발사	5~6학년	80분
5	팝 로켓 발사기	5~6학년	40분
6	팝 로켓	5~6학년	80분
7	폼 로켓	5~6학년	80분
8	물 로켓	5~6학년	80분

③ 지도상 유의점

로켓을 직접 만들어 발사하는 활동을 하는 단원이므로 학생들이 적극적인 관심과 흥미를 가지고 참여하는 것이 가장 중요하다. 로켓 발사에 관련된 여러 가지 변인을 통제하는 과정에서도 학생들 스스로 다양한 방법을 탐구하게 한다. 교사는 학생들이 로켓 발사에 관련된 변인을 통제할 수 있도록 보조하는 역할을 한다.

로켓을 만드는 과정에서 제작시간에 너무 많은 시간을 할애하지 않도록 조 활동으로 협동학습을 하는 것이 효과적일 수 있다. 실내나 야외에서 로켓을 날릴 경우 주변의 상황과 안전 수칙을 잘 살펴봐야 하며, 물 로켓에 제시된 물 로켓 발사기의 제작은 상황에 따라 선택해서 할 수 있다.

4 배경 지식

고체 추진제 로켓

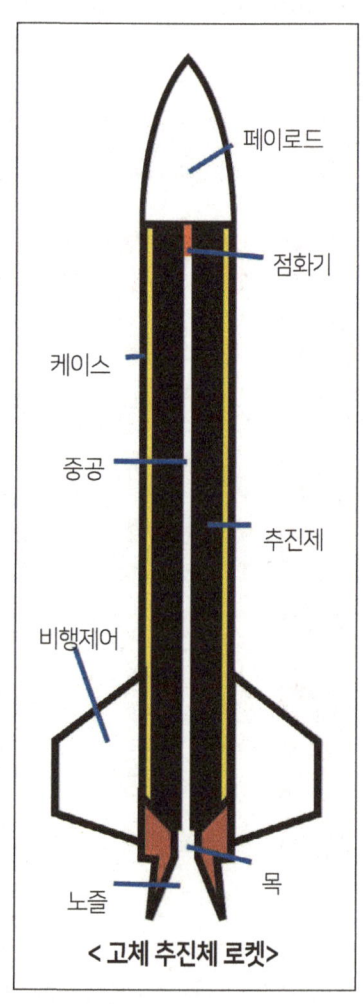

<고체 추진체 로켓>

중국인이 발명한 최초의 진정한 로켓인 "불화살"은 고체 추진제를 사용했다. 초기 형태의 화약은 한쪽이 뚫린 원통 안에 채워졌다. 화약이 점화되면 아주 빨리 타면서 대량의 가스와 연소 생성물이 구멍 밖으로 분출되어 추진력이 생성되었다. 긴 막대를 달아 날아가는 것을 조절했다. 이것은 매우 정교한 장치는 아니었지만, 불화살이 대체로 원하는 방향으로 날게 했다.

그 후 1,000년이 더 지났지만 고체 추진제 로켓은 중국의 불화살과 크게 다르지 않다. 우주 왕복선용 고체 로켓 부스터(SRB)는 한쪽 끝은 막혀 있고 반대쪽에는 구멍이 있는 아주 큰 튜브로 그 안에 추진제가 들어 있다. SRB에는 정교한 혁신 기술이 많이 들어 있지만 그 원시 조상과 기본 원리는 다르지 않다.

고체 추진제 로켓은 모양이 단순하다. 추진제를 채워 넣는 케이스나 튜브로 구성된다. 초기 로켓에는 종이, 가죽, 철로 만든 케이스가 사용되었다. 현대의 로켓에는 알루미늄 같은 가볍고 얇은 금속이 사용된다. 이 케이스를 얇은 금속판으로 만들면 구조물의 전체 무게가 줄어 비행 성능이 향상된다. 그러나 연소되는 추진제의 열로 금속이 쉽게 녹아버릴 수 있다. 이를 방지하기 위해 케이스의 내부벽을 단열시켜야 한다.

로켓의 상부 종단은 막혀있고 페이로드 부분이나 회수 낙하산이 탑재된다. 로켓 하부 종단에 목이라고 하는 좁은 개구부가 있는데 이것은 노즐목이라고 한다. 이 개구부를 좁히면 노즐목에서 연소 생성물이 밖으로 나갈 때 더 큰 가속도가 붙게 된다(제2법칙). 이 노즐의 목적은 로켓이 직선으로 상승하도록 연소 생성물이 곧장 아래로 분출되게 하는 것이다(제3법칙).

로켓의 노즐목으로 연소 생성물을 가속하는 방법을 이해하려면 호스에 연결된 수도를 틀어본다. 호스 입구를 최대로 넓게 열면 물이 천천히 뿜어져 나오고, 호스 입구를 좁히면 물이 빠르고 길게 솟구치면서(2법칙) 호스가 뒤로 밀린다(3법칙).

고체 로켓의 추진제는 단열 케이스 안에 들어 있다. 이것은 고체 물질로 채워져 있거나 그 안에 중공(   )이 있을 수 있다. 고체 물질로 채워지면 추진제가 하부 종단에서부터 상부 종단으로 연소된다. 로켓의 크기에 따라 연소 시간이 오래 걸릴 수 있다. 중공이 있으면 추진제가 훨씬 더 빨리 연소되는데 중공의 전체 표면이 동시에 점화되기 때문이다.

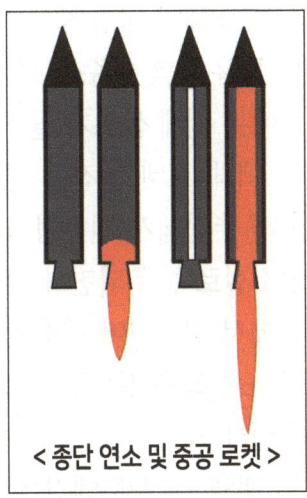

< 종단 연소 및 중공 로켓 >

추진제가 한쪽 끝부터 반대쪽까지 연소되지 않고 중공에서 바깥 케이스 쪽으로 연소된다. 중공의 장점은 추진제 질량이 더 빨리 연소되어 추진력이 증가한다는 것이다(제2법칙).

중공이 원형이어야만 고체 로켓 성능이 더 좋은 것은 아니다. 형태와 상관 없이 연소할 수 있는 표면적이 넓으면 된다. 우주 왕복선 SRB의 상부 종단에는 별 모양 중공이 있다. 점화될 때 별 모양 중공의 넓은 표면적이 이륙 추진력을 증가시킨다. 그러나 약 1분 후에 연소되면 추진력이 약간 감소한다. 이것은 의도적인 것으로, 우주 왕복선이 음속 장벽을 통과할 때 가속되기 시작하기 때문이다. 통과할 때 생기는 진동 SRB의 일시적 추진력 감소로 약해진다(제2 법칙).

이 외에도 고체 추진제 로켓에는 주요 시스템 두 개가 작동한다. 제어 시스템과 점화기이다.(제어 시스템은 나중에 살펴봄)

중국의 불화살은 도화선으로 점화된다. 이 방식은 점화선이 너무 빨리 타 로켓 설계자가 벗어날 시간이 부족할 수 있어서 위험하다. 도화선은 전기 점화가 나오기 전까지 수백 년 동안 사용되었다. 전기 시스템에서는 저항력이 강한 전선으로 추진제를 가열하여 점화한다.

우주 왕복선 고체로켓부스터 (SRB 그리고 곧 SRB의 아레스 유형)의 점화 시스템에는 구성요소가 하나 더 추가된다. 소형 로켓 모터가 중공의 상부 종단 내부에 장착되어 있다. 이것이 점화되면 중공까지 화염이 길게 발사되어 전체 표면이 한 번에 점화된다. 따라서 SRB가 완벽한 추진력에 도달하는 데 1초도 걸리지 않는다.

로켓 발사

액체 추진제 로켓

액체 추진제 로켓은 20세기의 발명품으로 고체 로켓보다 훨씬 복잡하다. 일반적으로 액체 로켓은 몸체에 대형 탱크 두 개가 들어 있다. 한 탱크에는 등유나 액체 수소 같은 연료가 들어 있다. 다른 탱크에는 액체 산소가 들어 있다.

액체 로켓 엔진이 연료가 연소되면 고속 펌프에 의해 추진제가 원통형 또는 구형 연소실로 보내진다. 연소실로 분무되면서 연료와 산화제가 혼합된다. 그곳에서 점화되어 대량의 연소 생성물이 생기며 이것이 노즐목을 통해 분사되고 노즐에 의해 아래로 집중된다.

액체 추진제 엔진은 고체 추진제 엔진보다 장점이 많다. 추진제 조합이 다양해 다양한 용도에 사용할 수 있다. 어떤 것은 점화 시스템이 필요하고 어떤 것은 단순 접촉만으로 점화된다. 모노밀메틸하이드로젠(Monom ylmethylhydrozene, 연료)과 질소 4산화물(산화제)이 동시에 점화된다. 이것을 자동 점화성 추진제라고 한다. 자동 점화성 추진제가 있는 로켓 엔진은 점화 시스템이 필요 없다.

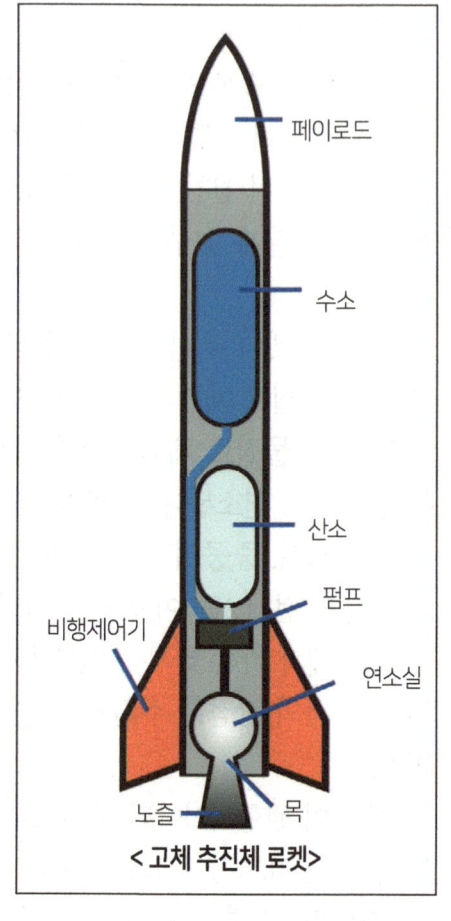

< 고체 추진체 로켓 >

액체 추진제의 장점 또 하나는 제어가 가능하다는 것이다. 연소실로 공급되는 추진제의 유량을 조절하여 생성되는 추진력의 양을 조절한다. 그리고 액체 엔진을 정지시켰다가 나중에 다시 가동할 수 있다. 가동된 고체 추진제 로켓은 정지시키기가 매우 어려워 추진력 제어가 제한된다.

액체 추진제 로켓의 엔진은 매우 복잡하며 쉽게 고장이 나는 단점이 있다. 그리고 비슷한 고체 추진제 로켓보다 구조 질량이 더 크다. 질량을 줄이는 한 가지 방법은 노즐에 얇고 가벼운 금속판을 사용하는 것이다. 일반적으로 노즐은 고온의 배출 가스에 의해 부식되는 것을 막기 위해 매우 두껍고 무겁다. 박벽 노즐에는 냉각 시스템이 필요하다. 액체 수소를 담은 소형 튜브가 벽을 둘러쌓고 있다. 수소는 20.27K(-252.87℃ 또는 -423.17℉)에서 액체가 된다. 초저온 수소가 불활성 가스의 열을 흡수하여 노즐의 벽을 보호한다. 이렇게 가열된 수소는 연소실로 주입된다. 이 시스템이 있는 엔진은 질량은 적고 추진력은 높다(제2법칙).

54

종이 로켓

종이 로켓 활동은 로켓이 대기를 비행하는 방법을 이해할 수 있다. 안정판이 없는 로켓은 안정판이 있는 로켓보다 조종하기가 훨씬 어렵다. 안정판의 위치와 크기는 무게가 너무 많이 증가하지 않는 한도에서 충분한 안정성을 확보해야 한다.

학습목표

종이로 소형 로켓을 만든 후 빨대로 바람을 불어 로켓을 발사할 수 있다.
로켓에서 안정판의 역할을 이해한다.

 해당학년 : 4~6학년   **소요시간 :** 80분

이것이 필요해요

두꺼운 도화지, 테이프, 가위, 깎아 놓은 진한 심의 연필, 빨대(연필보다 약간 가는 것), 보안경, 자, 유리 테이프, 태양 및 행성 사진

핵심단어

안정판 : 비행 시 로켓을 안정시키는 화살 모양의 날개, 로켓 아래쪽 끝에 위치 함.
로켓 : 하나 이상의 엔진이나 모터로 추진되는 차량 또는 장치.

활동 내용

1 도전과제 준비하기

- 개별 또는 짝을 이루어 활동을 할 수 있도록 준비한다.
- 로켓을 발사할 위치를 정한다.
  - 교실 안의 탁 트인 곳이나 복도가 좋다.
  - 바닥에 줄자의 양쪽 끝을 붙여 10m 정도 범위의 실험 공간을 만들거나 <그림자료1, 2>를 이용해 행성을 배치한다.

 로켓 발사

② 도전과제 소개하기
- 완성된 종이 로켓을 학생들에게 보여준다.
- 학생 각자가 학생용 학습지에 나오는 로켓 만드는 설명을 보고 로켓을 만들도록 한다.
- 학생들에게 재료와 제작 도구를 나눠준다.

③ 도전과제 실험하기
- 학생용 학습지에 제시된 종이 로켓 만드는 방법에 따라 종이 로켓을 만든다.
- 학생들에게 자신의 로켓이 얼마나 날아갈지 예상하고 실험 보고서에 그 예상 값을 기록하게 한다.
- 빨대로 바람을 불어 로켓을 날린다.
- 로켓을 날린 후 그 도달 거리를 측정한 후에 실제 거리를 기록하고 예상 거리와 실제 거리의 차이를 보고서에 기록 한다.
- 첫 번째 로켓을 날린 후에 안정판 모양과 크기가 다른 로켓을 만들어 두 번 더 실험을 한다.

④ 실험결과 토의하기
- 로켓의 성능을 좋게 하는 것은 무엇입니까?
  - 각 로켓의 무게를 확인한다. 로켓에 테이프를 더 많이 감고 더 큰 안정판을 붙이면 무게가 늘어난다.
- 로켓의 안정성을 유지할 수 있는 안정판의 최소 크기는 얼마입니까?
- 로켓 안정화에 필요한 안정판의 수는 몇 개입니까?
- 로켓 안정판을 로켓의 앞쪽에 달면 어떻게 될까요?
- 안정판의 끝 부분을 바람개비처럼 구부리면 로켓이 어떻게 될까요?
- 우주에서 로켓 안정판이 필요할까요?

 ### 지도상 유의점
- 종이 로켓은 만드는 방법에 따라 제작한 후 각자 개성에 따라 종이 로켓을 장식하게 한다.
- 로켓은 발사되는 물체이므로 학생들에게 보안경을 착용시킨다.
- 로켓이 이동한 거리를 측정할 때 고학년의 경우는 직접 측정할 수 있지만, 저학년의 경우는 <그림자료1,2>를 이용해 만든 행성 배치판을 이용해 로켓이 도달한 행성을 기록하게 한다.
- 안정판의 위치와 크기는 무게가 너무 많이 증가하지 않는 한도에서 로켓이 비행할 때 충분한 안정성을 확보하기 위해 반드시 필요한 것임을 알게 한다.

 ### 평가
- 자신이 제작한 로켓과 로켓 성능에 대해 설명하는 실험 보고서를 작성하게 한다.
- 성능이 가장 좋았던 로켓과 그 이유를 요약하여 작성하도록 한다.

심화학습

- 로켓이 얼마나 높이 나는지 확인해본다.
  - 바닥부터 천장까지의 높이를 테이프로 일정 간격으로 표시한다. 한 학생이 벽을 따라 로켓을 발사하면 다른 학생은 로켓이 도달한 높이와 테이프 표시를 비교하여 높이를 측정한다. 학생들에게 로켓이 도달한 높이에서 로켓을 발사한 높이를 빼게 한다.

종이 로켓

학년   반
이름

종이 로켓을 만들어 날려 보세요.

종이 로켓 만드는 방법

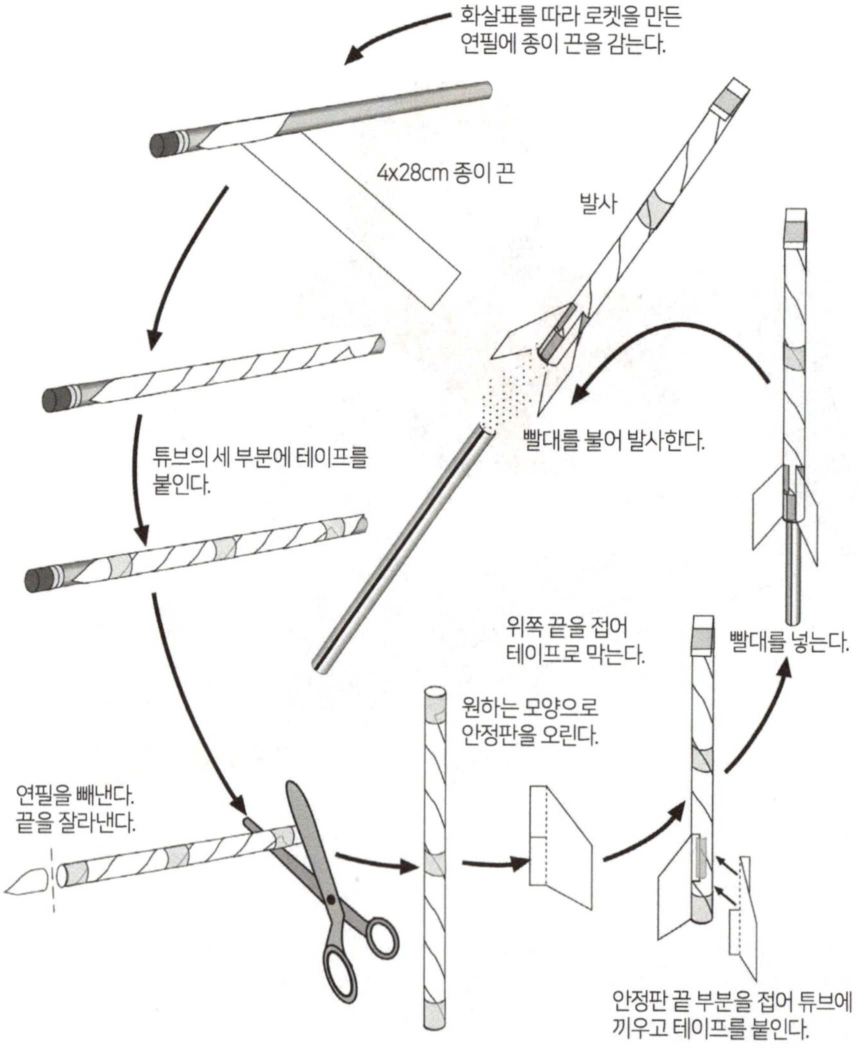

- 화살표를 따라 로켓을 만든 연필에 종이 끈을 감는다.
- 4x28cm 종이 끈
- 튜브의 세 부분에 테이프를 붙인다.
- 연필을 빼낸다. 끝을 잘라낸다.
- 위쪽 끝을 접어 테이프로 막는다.
- 원하는 모양으로 안정판을 오린다.
- 안정판 끝 부분을 접어 튜브에 끼우고 테이프를 붙인다.
- 빨대를 넣는다.
- 빨대를 불어 발사한다.
- 발사

활동 결과

* 로켓 1

얼마나 멀리 날아갔나요?	비행에 대한 기록
1. _____ cm 2. _____ cm 3. _____ cm 평균 거리는? _____ cm	

* 로켓 2

| 얼마나 멀리 날아갔나요?
 _____ cm
 1. _____ cm
 2. _____ cm
 3. _____ cm

 평균 거리는? _____ cm

 자신의 예측과 평균 거리와의 차이는 얼마인가요?
 _____ cm | 비행에 대한 기록 |

* 로켓 3

| 얼마나 멀리 날아갔나요?
 _____ cm
 1. _____ cm
 2. _____ cm
 3. _____ cm

 평균 거리는? _____ cm

 자신의 예측과 평균 거리와의 차이는 얼마인가요?
 _____ cm | 비행에 대한 기록 |

〈 그림자료1 〉

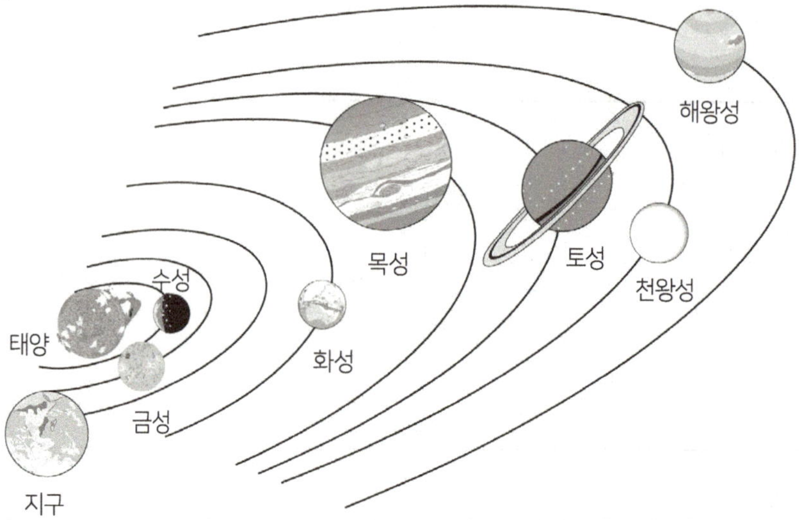

해왕성
목성
토성
천왕성
태양
수성
화성
금성
지구

〈 그림자료 2 〉

* 각 숫자는 지구 직경을 1로 보았을 때 그 배수

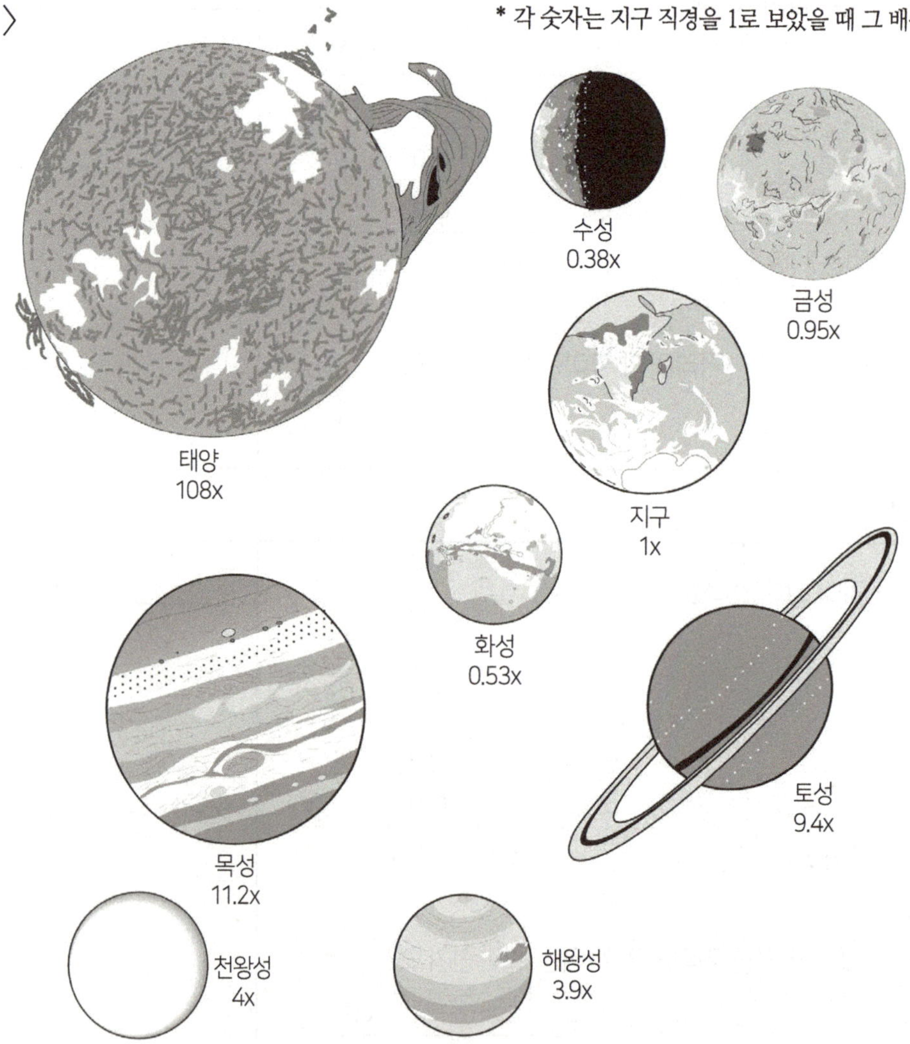

태양 108x
수성 0.38x
금성 0.95x
지구 1x
화성 0.53x
목성 11.2x
토성 9.4x
천왕성 4x
해왕성 3.9x

배경 지식 (교사용)

로켓 안정판

로켓은 안정적으로 비행하여 일정한 방향으로 매끄럽게 날아가야 한다. 안정적이지 않은 로켓은 엉뚱한 경로로 날아가 뒤집어지거나 방향이 바뀔 수 있다. 이처럼 안정적이지 않은 로켓은 어디로 갈지 예측할 수 없기 때문에 위험하다.

크기, 질량, 형태에 관계없이 모든 물체는 내부에 질량 중심(CM)이라고 하는 곳이 있다. CM은 물체의 모든 질량이 완벽한 균형을 이루는 정확한 지점으로 자 같은 물체의 CM은 손가락 위에 올려놓고 쉽게 찾을 수 있다. 자를 만들 때 사용되는 재료의 두께와 밀도가 균일할 경우에는 자의 중간 지점이 CM이 된다. 자의 한쪽 끝에 무거운 못을 박으면 균형점은 못이 있는 쪽에 가까워진다. 안정적이지 않은 로켓은 바로 CM 근방에서 뒤집히기 때문에 CM은 로켓 비행에서 중요하다.

실제로 비행 중인 모든 물체는 뒤집히는 경향이 있다. 막대기를 던져보면 끝 부분이 뒤집히고, 공은 던지면 날아가면서 회전한다. 회전이나 전복은 비행할 때 안정을 찾는 방식이다. 정확한 회전을 주어 프리스비를 던지면 원하는 위치로 이동하지만 회전을 주지 않고 던지면 날아가더라도 이상한 경로로 날아가며 목표했던 곳보다 훨씬 짧은 거리에 떨어질 것이다. 이와 마찬가지로 회전이 거의 없는 너클 볼도 이상한 경로로 날아 포수에게 가기 때문에 타자가 공을 치기가 매우 어렵다.

비행 시에는 회전이나 전복이 세 가지 축 중 하나 이상의 축 주변에서 발생한다. 이것을 선단-꼬리 축 회전, 측면 축 회전, 수직 축 회전이라고 한다. 이 세 가지 축이 모두 교차하는 지점이 CM이다. 로켓 비행은 측면 축 회전과 수직 축 회전이 중요한데, 이 두 방향이 움직일 경우 로켓이 경로를 벗어날 수 있기 때문이다.

선단-꼬리 축 회전은 축이 움직여도 비행 경로에 영향을 주지 않으므로 중요하지 않다. 측면 축 회전 및 수직축 회전 운동과 관련된 불안정한 동작은 로켓이 예정 경로를 이탈하게 만든다. 이를 방지하기 위해서는 불안정한 운동을 막거나 최소화하는 제어 시스템이 필요하다.

CM 외에도 비행에 영향을 주는 중요한 중심이 압력 중심(CP)이다. CP는 움직이는 로켓이 공기를 통과할 때만 존재한다. 이 흐르는 공기는 로켓 외부 표면을 문지르면서 밀기 때문에 로켓이 세 가지 축 중 하나로 움직이게 될 수 있다.

잠시 풍향계를 생각해보자. 풍향계는 지붕 꼭대기에 설치된 화살 모양의 막대기로서 바람의 방향을 가리키는 용도로 사용된다. 화살은 회전축 역할을 하는 수직 막대에 부착되어 있다. 화살은 CM이 회전축에 오도록 균형이 맞춰져 있다. 바람이 불면 화살이 돌고 화살 머리는 불어

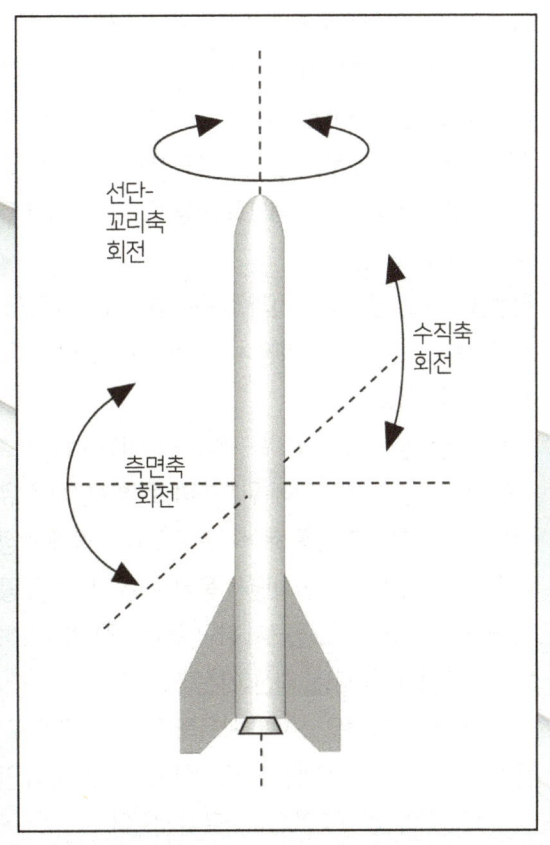

오는 바람을 향한다. 화살 꼬리는 바람이 불어가는 방향을 향한다.
풍향계 화살이 바람을 가리키는 이유는 화살 꼬리가 화살 머리보다 표면적이 훨씬 넓기 때문이다.
흐르는 공기는 머리보다 꼬리에 더 큰 힘을 가하기 때문에 꼬리가 밀리는 것이다. 화살에는 양쪽 표면적이 동일한

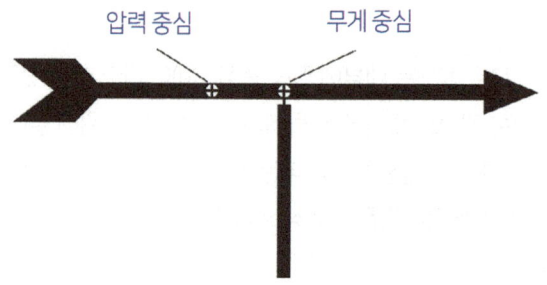

지점이 있는데 이 지점을 CP라고 한다. CP는 CM과 다른 위치에 있다. 같은 위치에 있다면 바람이 화살의 어느 쪽에도 작용하지 않아 화살이 바람방향을 가리키지 않을 것이다. CP는 CM과 화살 꼬리 끝 사이에 있어야만 풍향계가 바람의 방향을 가리킨다.
이 말은 꼬리 끝의 표면을 머리 끝 보다 넓게 만들어야 한다는 뜻이다.
로켓의 CP는 꼬리 방향에 있고 CM은 코 방향에 있는 것은 매우 중요하다.
이 둘이 같은 위치에 있거나 서로 매우 가까울 경우 로켓 비행이 불안정해진다. 로켓이 CM부근에서 측면 축 및 수직축으로 회전하여 비행 경로가 이상해지는 것이다. CP가 중력 중심의 아래쪽에 있을 경우 로켓은 안정적인 궤도나 비행경로를 유지하게 된다.
로켓의 제어 시스템은 비행 시 로켓의 안정을 유지하고 조종하기 위한 것이다. 일반적으로 소형 로켓은 안정화 제어 시스템만 있으면 된다.

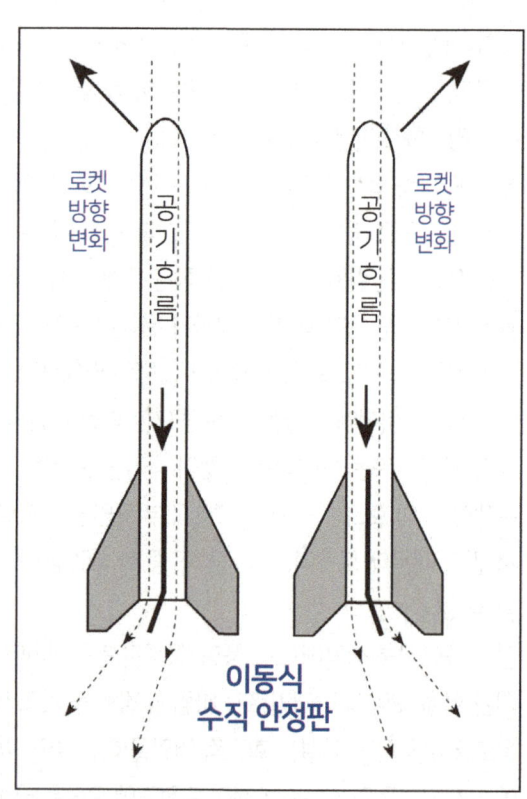

위성을 궤도로 발사하는 것과 같은 대형 로켓은 로켓을 안정화하는 것 뿐 아니라 비행 시에 궤도를 변경할 수도 있는 시스템이 필요하다.
로켓 제어는 능동 제어와 피동 제어 모두 가능하다.
피동 제어기는 로켓 외장에 위치하여 로켓의 안정을 유지하는 고정 장치이고, 능동 제어기는 로켓 비행 중에 안정을 유지하고 우주선을 조종하면서 움직일 수 있다. 로켓공학이 크게 발전하면서 노즐 근처 하단 주위에 장착된 가벼운 수직 안정판이 막대기를 대신하게 되었다.
수직 안정판은 가벼운 소재를 사용해 유선형 모양으로 만들어져서 이것을 단 로켓은 다트 모양처럼 생겼다. 이 안정판의 표면적이 넓어 CP가 CM 뒤로 유지된다.
안정판의 아래쪽 끝을 바람개비처럼 구부려 비행 시 회전

속도를 높이려 한 실험자도 있다. 이 "회전 안정판"을 단 로켓은 비행 시 안정성이 훨씬 더 향상된다. 그러나 회전 안정판으로 저항력이 커지면서 로켓의 거리가 줄어든다.

우주에는 공기가 없기 때문에 안정판은 그 역할을 할 수 없다. 우주에서는 다른 능동 시스템으로 로켓 비행의 안정성을 유지한다.

<용어해설>

CM(Center of Mass) : 물체의 질량 중심. 이 점을 기준으로 물체의 질량이 양분됨.

CP(Center of Pressure) : 물체의 압력 중심.

피동제어기 : 고정 로켓 안정판 같이 움직이지 않는 장치로 비행 중인 로켓을 안정시킴.

빨대 로켓 발사기

빨대 로켓과 종이 로켓을 발사시킬 수 있는 압축 공기 로켓 발사기를 만드는 활동이다.

학습목표
압축 공기 로켓 발사기를 만들 수 있다.

해당학년 : 4~6학년   소요시간 : 20분

이것이 필요해요
1L 플라스틱 음료수 병, 음료수 빨대나 비슷한 크기의 튜브, 모형용 점토

이렇게 준비해요
- 음료수 빨대는 가급적 직각으로 구부러지는 부분이 있는 빨대가 좋다
- 모형용 점토는 고무 찰흙으로 대신할 수 있다.

활동 내용

1 발사기 만들기
- 병 주둥이에 빨대를 약 2~3cm 정도 깊이로 넣는다.
- 병 주둥이에 모형용 점토를 발라 병 목을 완전히 채워 틈이 생기지 않게 한다.
- 병 밖의 빨대의 길이는 그 위로 로켓이 미끄러질 수 있을 정도로 길어야 한다.

2 로켓 발사하기
- 테이블이나 딱딱한 곳에 발사기(병)를 뉘어 놓는다.
- 빨대 로켓이 빨대 위에서 자유롭게 움직일 수 있어야 한다.
- 로켓을 사람이 없는 쪽으로 향하게 놓는다.
- 병을 빨리 누르거나 주먹으로 측면을 쳐서 로켓을 발사한다.
- 구겨졌거나 접힌 부분을 펴서 병을 다시 둥글게 만든 후 다음 번 발사를 실시한다.

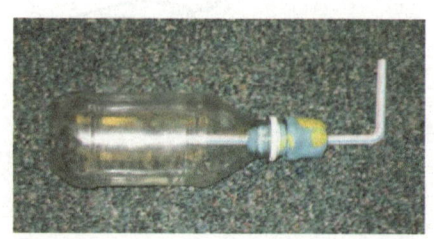

# 빨대 로켓

로켓의 비행에는 작용하는 여러 가지 요인을 알아보는 실험이다. 로켓을 다양한 각도에서 발사해 보고 고도가 최대가 되는 발사 각도를 확인한다.
그런 다음 여러 가지 형태의 빨대 로켓을 만들어 로켓의 길이, 원뿔형 기수의 모양이나 크기, 안정판의 수가 로켓 비행에 미치는 영향을 알아본다.

 ### 학습목표

빨대 로켓을 만들 수 있다.
빨대 로켓이 도달할 수 있는 최대 높이와 거리를 측정할 수 있다.
로켓의 안정판, 원뿔형기수, 길이가 로켓 비행에 미치는 영향을 이해한다.

 해당학년 : 4~6학년　　 **소요시간 :** 40분

 ### 이것이 필요해요

로켓 발사기, 빨대(발사기 빨대에 딱 맞게 끼울 수 있는 것), 점토, 가위, 테이프, 종이, 그래프 용지, 연필, 각도기, 줄자

 ### 핵심단어

원뿔형 기수 : 원뿔형 기수는 로켓 상단이나 전면 끝에 위치하며 안이 비어있기 때문에 무거운 물건 같은 것을 넣음.

 ### 활동 내용

① **빨대 로켓 만들기**
- 원하는 로켓의 길이만큼 빨대를 자른다.
- 빨대 한 쪽 끝에 점토를 붙여 원뿔형 기수를 만든다.
- 빨대 반대 쪽 끝에 종이를 테이프로 붙여 안정판 모양을 만든다.

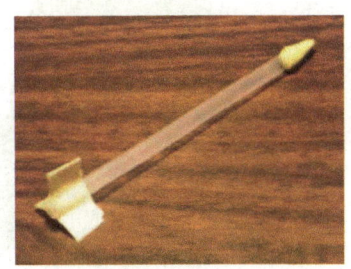

2 로켓 발사하기

- 10~90도 사이의 각도로 발사해보고 로켓의 이동 거리와 고도가 최대가 되는 발사 각도를 확인한다.
- 길이가 다른 로켓 네 개를 만든다.
  - 원뿔형 기수와 안정판 모양은 그대로 유지한다.
  - 로켓을 다양한 각도와 발사 막대 표시 지점에서 발사하고 이동 거리가 가장 먼 로켓과 고도가 가장 높은 로켓을 확인한다.
- 원뿔형 기수 모양이나 크기가 다른 로켓 네 개를 만든다.
  - 길이와 안정판은 그대로 유지하여 원뿔형 기수의 모양이 로켓의 이동 범위와 고도에 미치는 영향을 확인한다.
- 안정판의 수가 다른 로켓 네 개를 만든다.
  - 길이와 원뿔형 기수 모양은 그대로 유지하여 안정판 수가 로켓의 이동 범위에 미치는 영향을 확인한다.
- 이러한 실험에서 얻은 정보를 이용하여 600cm에 최대한 가깝게 이동하는 로켓을 만든다. 첫 번째 발사와 최대한 가깝게 나오도록 발사 각도와 발사 막대 설정을 확인해야 할 것이다. 500cm 범위에 도달하는데 몇 번을 발사하게 되는지 확인한다.

 ### 지도상 유의점

- 완성된 빨대 로켓을 학생들에게 보여준 후 학생들이 직접 빨대 로켓을 만들고 장식하게 한다.
- 학생들이 스스로 빨대 로켓을 설계·제작하고 미리 조절한 힘으로 발사한 후 거리와 고도를 측정하고 기록·확인한다.

3-2-1-발사!

간단한 로켓 발사 실험을 통해 뉴턴의 운동법칙을 재미있게 배울 수 있다. 정지해 있던 로켓은 출발하는 순간 불균형 힘이 작용하기 때문에 위로 상승한다(제1법칙). 이 실험에서 필름 통 안에 생긴 가스로 뚜껑이 날아갈 때 생기는 힘이 로켓을 날아가게 한다. 힘의 세기는 필름 통에서 나오는 물과 가스의 질량과 가속도에 비례한다(제2법칙). 물, 가스, 뚜껑을 아래로 미는 힘과 같은 크기로 반대 방향으로 작용하는 힘에 의해 로켓이 위로 올라간다(제3법칙).

 학습목표

제산제를 이용하여 종이로켓을 만들어 발사할 수 있다.
이 활동을 통해 로켓의 발사 원리를 이해한다.

 해당학년 : 5~6학년    **소요시간 :** 80분

 이것이 필요해요

두꺼운 종이, 35mm 플라스틱 필름 통*, 학생용 학습지, 셀로판테이프, 가위, 거품이 이는 제산제, 휴지, 물, 보안경
* 필름 통은 내부 밀봉 뚜껑이 있는 것으로 한다.

 **핵심단어**

로켓 엔진 : 제트 기관과 같이 반동력을 이용해서 물체를 추진시키는 기관.
연소에 필요한 산소 및 연료를 가지고 가기 때문에 공기가 없는 우주 비행이 가능하다. 인공 위성의 발사나 우주선 등의 분사 추진 기관으로 이용되고 있다.
추진제 : 연소하여 로켓의 추진력을 만드는 연료 및 산화제 혼합물.
산화제 : 산화 화합물이 들어 있는 화학물질로서 로켓 연료가 대기와 우주 진공상태에서 연소할 수 있게 함.

활동 내용

1 빨대 로켓 만들기
- 종이로 로켓을 만들어 날릴 것이라고 도전과제를 소개한다.
- 종이 한 장으로 로켓을 간단히 만들 수 있다는 것을 이야기 하고 학생들에게 종이를 어떻게 사용할지를 먼저 계획하게 한다.
  - 학생들에게 로켓 몸체를 만들 때 종이를 긴 방향으로 자를지 짧은 방향으로 자를지 결정하게 하면, 학생들마다 로켓 길이가 달라지므로 어떤 것이 더 잘 발사되는지 비교할 수 있어 좋다.

2 도전과제 실험하기
- 학생용 학습지에 제시된 방법으로 로켓을 만든다.
- 보안경을 끼고 로켓을 뒤집어 필름 통에 물을 정도 채운다.
- 제산제를 알 떨어뜨리고 뚜껑을 꼭 닫는다.
- 로켓을 발사대 위에 세운 다음 뒤로 물러선다.
- 로켓이 발사되는 것을 관찰한다.

3 도전과제 토의하기
- 실린더에 들어 있는 물의 양이 로켓의 비행 높이에 어떤 영향을 줍니까?
- 물의 온도가 로켓의 비행 높이에 어떤 영향을 줍니까?
- 제산제 양이 로켓의 비행 높이에 어떤 영향을 줍니까?
- 로켓의 길이나 자체 무게가 로켓의 비행 높이에 어떤 영향을 줍니까?
- 로켓의 성능을 향상 시킬 수 있는 방법에는 무엇이 있습니까?

지도상 유의점

- 로켓 제작과정 단계별로 로켓 견본을 만들어 학생들에게 제시하면 제작 단계를 구체적으로 이해하는데 도움이 된다.
- 로켓을 만들 때 흔히 저지르는 다음과 같은 실수를 주의하게 한다.
  - 필름 통을 로켓 몸체에 테이프로 붙이는 것을 잊는다.
  - 필름 통 뚜껑을 밑으로 가게 설치하지 않는다.
  - 필름 통과 종이 튜브의 거리를 충분히 두지 않아 뚜껑을 쉽게 열지 못한다.
- 일부 학생은 원뿔형 기수를 잘 만들지 못하는 경우가 있다.
  - 원뿔형 기수를 만들 때는 원에서 파이 모양을 잘라낸 후 말아서 원뿔을 만들어야 한다.
    (이때, 원뿔의 크기는 상관이 없다.)
- 필름 통은 카메라 상점이나 사진을 현상하는 가게에서 구할 수 있다.
  - 내부 밀봉 뚜껑(일반적으로 반투명한 것)이 있는 필름 통을 구해야 한다.

- 외부 뚜껑(필름 통 테두리를 덮는 불투명한 뚜껑)이 달린 필름 통은 안 된다.
• 학생들에게 제산제를 넣은 후 발사하는 과정은 신속하게 작업해야 함을 미리 알려준다.

 평가

• 학생들에게 뉴턴의 운동 법칙을 이 로켓에 적용하는 방법을 설명하게 한다.
• 로켓 제작 기술을 비교한다.
- 종이와 테이프를 너무 많이 사용한 로켓은 무게가 늘어나 비행 효율이 떨어질 가능성이 높다.

로켓 발사

3-2-1-발사!

학년　반　이름

도전 과제 종이로켓을 만들어 발사해 보세요.

로켓 만드는 방법

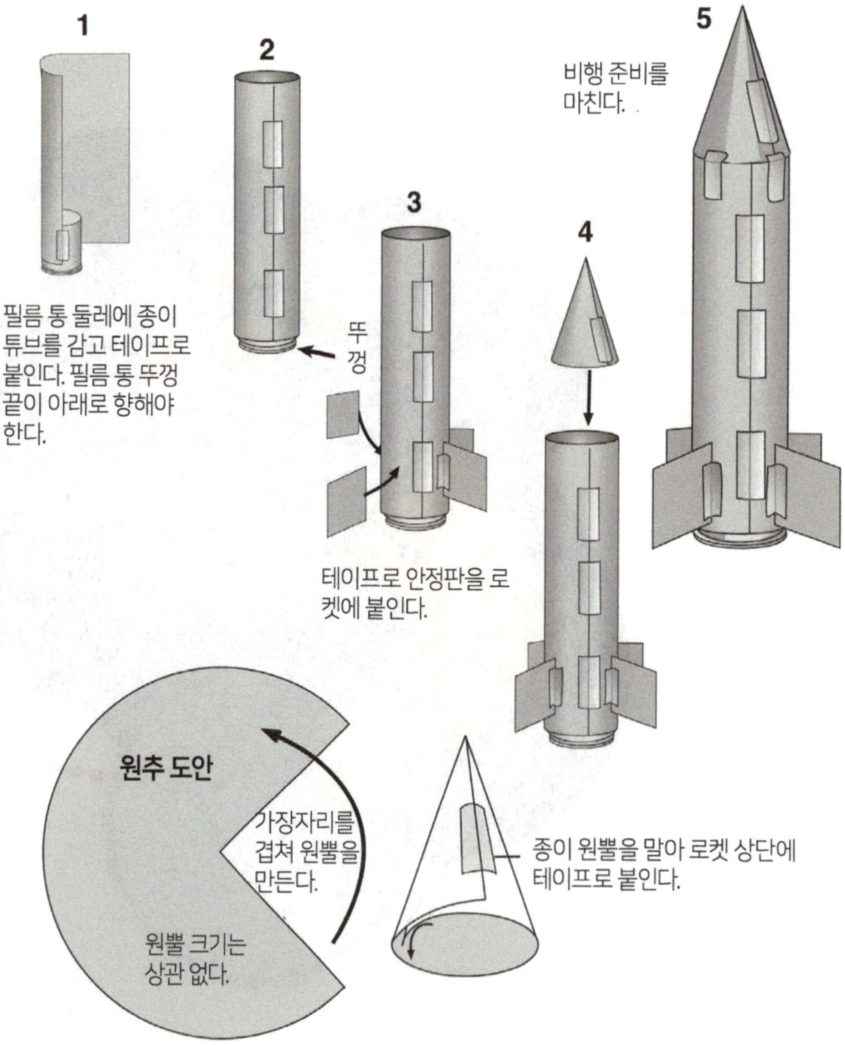

1 필름 통 둘레에 종이 튜브를 감고 테이프로 붙인다. 필름 통 뚜껑 끝이 아래로 향해야 한다.

2 뚜껑

3 테이프로 안정판을 로켓에 붙인다.

4

5 비행 준비를 마친다.

원추 도안 가장자리를 겹쳐 원뿔을 만든다. 원뿔 크기는 상관 없다.

종이 원뿔을 말아 로켓 상단에 테이프로 붙인다.

70

팝 로켓 발사기

팝 로켓 발사기는 팝 로켓을 추진시킬 수 있는 장치이다. 학생들이 2L 음료수 빈 병을 발로 밟아 내부 공기를 연결된 플라스틱 파이프로 보내 종이 로켓을 추진시킨다.

학습목표

팝 로켓에 사용할 단순한 공기압 발사기를 만든다.

해당학년 : 5~6학년

소요시간 : 80분

이것이 필요해요

빈(그리고 세척한) 2리터 플라스틱 음료수병, 송수관용 테이프, 자
63.5mm PVC T자 연결관
63.5mm PVC 45도 굽은 관
63.5mm PVC 마개
12.7mm PVC 파이프 127mm 1개
풍선 또는 농구공 수동 펌프, 고무마개 또는 코르크(1호, 구멍 1개)
발사기 근처에서 착용할 보안경.

이렇게 준비해요

- 발사기가 손상되어 더는 사용할 수 없게 될 경우에 빨리 교체할 수 있도록 예비 병 2개와 테이프를 준비해둔다.

로켓 발사

 이렇게 준비해요

- 발사기가 손상되어 더는 사용할 수 없게 될 경우에 빨리 교체할 수 있도록 예비 병 2개와 테이프를 준비해둔다.
- 구매목록

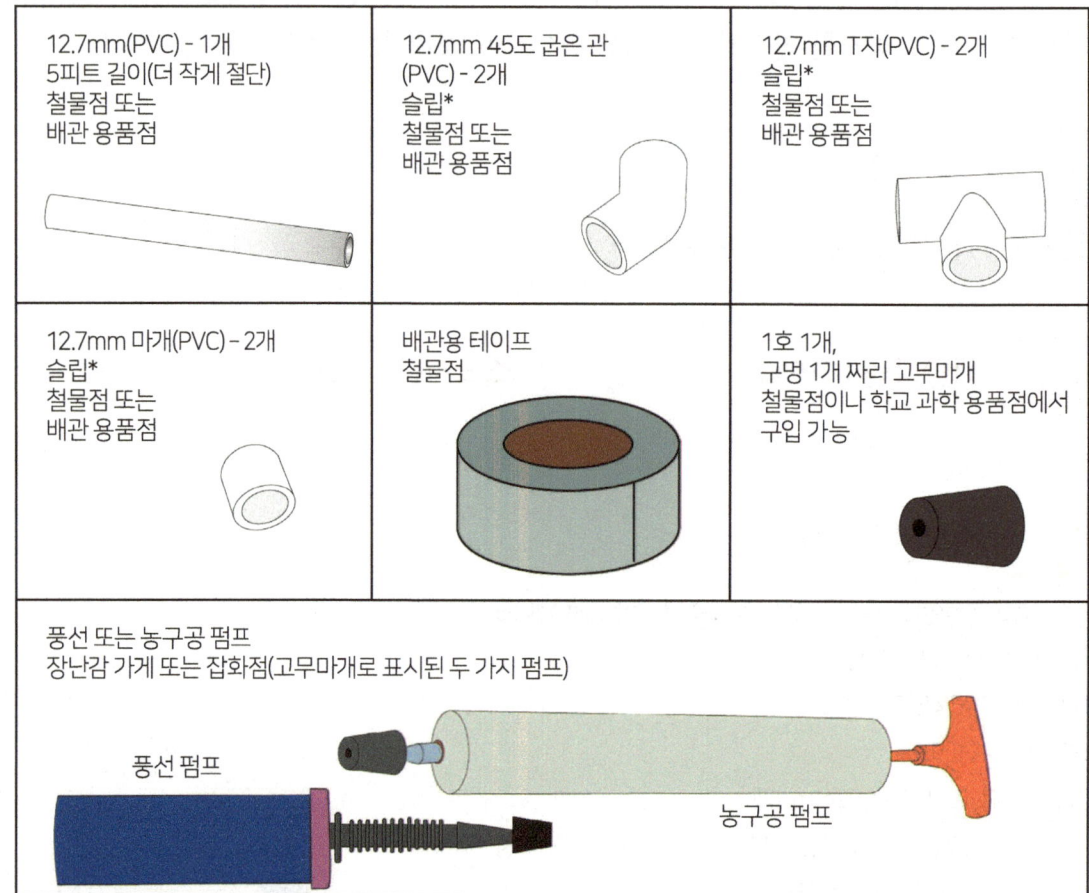

12.7mm(PVC) - 1개 5피트 길이(더 작게 절단) 철물점 또는 배관 용품점	12.7mm 45도 굽은 관 (PVC) - 2개 슬립* 철물점 또는 배관 용품점	12.7mm T자(PVC) - 2개 슬립* 철물점 또는 배관 용품점
12.7mm 마개(PVC) - 2개 슬립* 철물점 또는 배관 용품점	배관용 테이프 철물점	1호 1개, 구멍 1개 짜리 고무마개 철물점이나 학교 과학 용품점에서 구입 가능

풍선 또는 농구공 펌프
장난감 가게 또는 잡화점(고무마개로 표시된 두 가지 펌프)

풍선 펌프   농구공 펌프

*슬립은 실이 아니라 접합제로 연결된 이음부를 의미한다.

 활동 내용

1 발사기 만들기

- PVC 파이프를 다음 길이로 자른다. 부분 번호는 다음의 조립된 발사기 그림에 나오는 위치를 의미한다.

    3호 - 50cm   5호 - 18cm
    7호 - 4cm   9호 - 4cm
    11호 - 25cm   12호 - 20cm   14호 - 25cm

- 3호 파이프 끝을 병의 목에 끼우고 수송 배관용 테이프로 단단히 붙인다.
- 다음의 제작 그림을 보고 발사기를 조립한다. 파이프 길이와 부분 번호를 맞춘다.

- 땅에 닿을 때까지 다리 두 개를 안쪽이나 바깥쪽으로 움직여 삼각대를 만든다. 이제 발사기 사용 준비를 마쳤다.
- 풍선 펌프/농구공 수동 펌프의 바람 주입기를 고무마개 구멍에 끼운다.

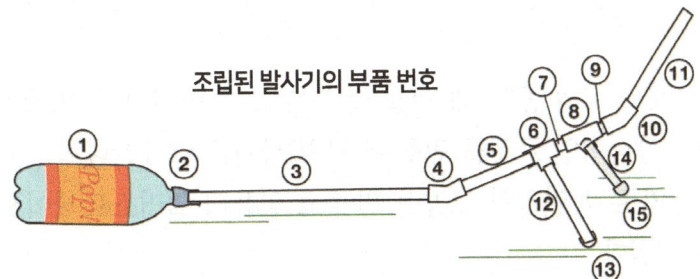

조립된 발사기의 부품 번호

2 발사기 사용하기

- 발사기를 탁 트인 공간에 놓고 발사튜브를 원하는 방향으로 기울인다. 목표를 향해 쏠 경우 각 학생에게 목표물을 향해 발사기를 겨냥하게 한다.
- 로켓에 맞지 않도록 사람들을 비행구역에서 나가게 한다.
- 발사 전에 학생들에게 보안경을 쓰도록 한다.
- 학생이 병 라벨을 밟으면 병 안의 공기 대부분이 튜브를 통과해 로켓이 발사된다.
- 로켓을 회수하고 있는 동안 옆에 있는 학생에게 핸드 펌프에 부착된 고무마개를 발사 튜브 끝에 꽂아 병을 다시 부풀리게 한다. 펌프를 누르면 병이 원상태로 돌아간다.
- 비행 구역에 사람이 없으면 다음 로켓을 발사기에 걸어 발사기를 조준한 후 카운트다운을 하고 발사한다.

 ### 지도상 유의점

- 팝 로켓 발사기는 병을 밟아 로켓을 발사하는 것으로 학생들이 좋아하기 때문에 이상적인 발사기이다.
- 철물점에서 PVC 부품을 구입한다.
- PVC 파이프는 더 작게 자를 경우 정밀 톱이나 PVC 커터(철물점에서 판매)를 사용한다.
- 병에 있는 라벨은 그대로 두어도 되지만 라벨을 떼어내고 싶으면 마커를 사용해 병 측면에 과녁을 그려도 좋다.
 - 학생들이 이 부분을 발로 밟아 병의 양쪽 끝이 납작해진 경우에는 다시 부풀리기가 어려우므로 병을 교체해야 한다.
- 발사기를 사용할 때는 탁 트인 공간에 배치한다.
 - 체육관이나 교내 식당에서 발사할 수 있다. 실내에서 사용할 때에는 발사 튜브를 멀리 떨어진 벽을 향해 낮은 각도로 맞추고 겨냥할 목표를 선택한다.
 - 실외에서 사용할 때는 발사기를 한산한 지역에 겨냥해야 한다(바람 없는 날 선택).
- 재미를 위해 착륙 지점에 농구공을 놓아도 좋다.
 - 학생들에게 농구공이 화성(색상도 비슷)이라고 생각하고 화성으로 로켓을 발사하라고 한다.
- 발사하는 학생과 발사기 근처 학생들은 반드시 보안경을 착용해야 한다.
- "발사 과정"을 진행하고 있을 때 학생들이 발사기 전면이나 착륙 지점 근처에 서 있지 않게 한다.

 로켓 발사

 **팝 로켓**

팝 로켓은 로켓 모양의 종이 세 개를 잘라 서로 붙여서 만든다. 종이로 된 로켓 모양 조각으로 단면이 삼각형인 로켓을 만들어 팝 발사기로 발사한다.
학생들이 자신만의 로켓 안정판 모양을 만들고 컴퓨터 일러스트레이션 프로그램으로 로켓을 장식할 수도 있다.

 학습목표

종이 로켓을 설계하고 만들어 발사할 수 있다.
이 활동을 통해 로켓 안정판의 역할을 이해한다.

 **해당학년 :** 5~6학년    **소요시간 :** 80분

 이것이 필요해요

마분지, 풀, 셀로판 테이프, 가위, 크레용 또는 컬러 마커, 자
일러스트레이션 프로그램이 설치되어 있는 컴퓨터 및 프린터(선택사항),
팝 로켓 발사기(71페이지 참조), 동전, 12.7mm PVC 파이프 30cm

 이렇게 준비해요

- 마분지는 두꺼운 도화지나 머메이드지로 대신할 수 있다.
- 일러스트레이션 프로그램이 없거나 학생들이 다루기 힘들어하면 그림판을 사용해 도안에 장식하는 작업을 할 수 있다.

 핵심단어

로켓 엔진 : 저장된 추진체를 뜨거운 가스로 변환시켜 밸브와 펌프가 있는 액체 엔진 같은 추진력을 만들어 내는 움직이는 부품이 있는 기기.
원뿔형 기수 : 원뿔형 기수는 로켓 상단이나 전면 끝에 위치하며 안이 비어있기 때문에 무거운 물건 같은 것을 넣음.

활동 내용

1 팝 로켓 만들기

① 세 조각 팝 로켓

- 종컴퓨터에 설치된 일러스트레이션 프로그램으로 팝 로켓을 설계할 경우
  - 너비 3cm, 길이 2cm 직사각형을 그린다.
  - 원뿔형 기수 삼각형은 이등변삼각형이나 정삼각형 모두 좋다.
  - 직사각형 바닥 측면에 안정판을 붙인다.
  - 종이 크기에 따라 안정판 크기가 제한된다는 점에 유의한다.
- 로켓 도안 하나를 완성한 후에 도안을 복사하여 <그림자료1>처럼 배치한다.
  - 안정판이 너무 커서 한 장에 다 들어가지 않을 때는 도안 두 개는 한 장에 만들고 세 번째 도안은 다른 한 장에 만든다.
- 로켓 도안에 학생들이 자신만의 로켓 장식을 하게 한다.
- 세 조각을 오려내고 직선으로 접히도록 자 가장자리를 안정판과 원뿔형 기수 접는 선에 대고 누른다. 이 때 안정판을 바깥으로 접는다.
- 한 개의 원뿔형 기수 삼각형 안쪽에 테이프로 동전을 단단히 붙인다.
- 도안 조각들을 움직여 로켓 몸체 측면에 맞추어 테이프로 붙인다.
  - 안정판이나 원뿔형 기수에는 아직 붙이지 않는다.
  - 테이프를 붙이기 전에 PVC 파이프를 로켓 안에 넣으면 쉽게 할 수 있다.
- 풀이나 테이프를 사용해 인접한 안정판을 서로 붙여 세 개의 안정판을 만든다.
  - 안정판을 서로 붙이지 않고 여섯 개의 안정판을 만들 수도 있다.

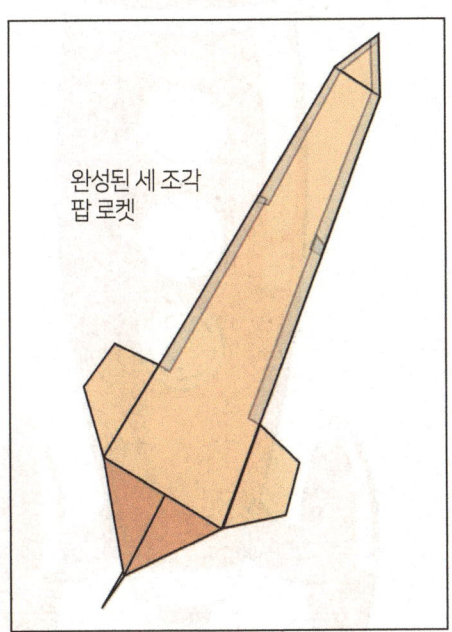
완성된 세 조각 팝 로켓

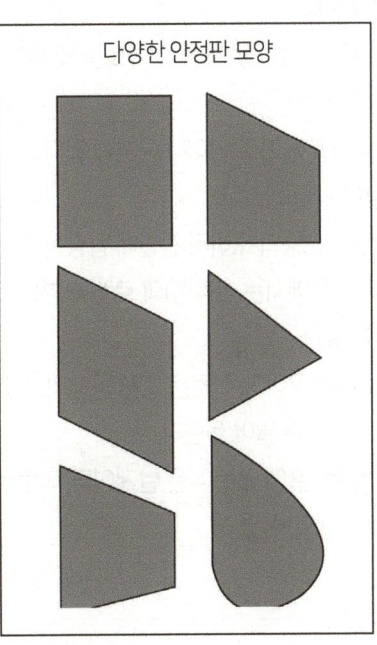
다양한 안정판 모양

- PVC 파이프를 로켓 몸체 안에 넣고 원뿔형 기수 위치까지 민다.

로켓 발사

- 테이프 붙일 때 지지용으로 파이프를 사용한다.
- 삼각형 세 개를 안쪽으로 접고 경계선을 테이프로 붙인다.
• 팝 로켓 발사기를 사용해 로켓을 발사한다.

② **일체형 팝 로켓**
• <그림자료2> 도안을 마분지에 출력한다.
• 자와 동전 가장자리를 사용해 접는 선에 자국을 낸다.
 - 자를 선에 대고 동전 가장자리(비스듬히 잡고)를 문지르면 작은 홈이 파인다. 이 홈을 이용해 직선으로 정확하게 접을 수 있다.
• 도안의 실선을 따라 자른다.
• 원뿔형 기수 삼각형 하나의 안쪽에 동전을 테이프로 붙인다.
• 세 개의 직사각형을 안에 큰 탭이 있는 삼각 프리즘 안으로 접고 이음부를 테이프로 붙인다.
• 삼각형을 안쪽으로 접어 원뿔형 기수를 만든다.
 - 탭이 안으로 가야 한다.
 - 탭은 테이프를 붙일 때 지지하는 역할을 한다.
• 안정판을 바깥쪽으로 구부린다.
• 완성된 로켓을 팝 로켓 발사기로 발사 한다.

② **팝 로켓 토의하기**
• 로켓의 부분에는 어떤 것들이 있는가?
 - 로켓의 뾰족한 위쪽 끝은 원뿔형 기수이다. 이것이 로켓이 비행할 때 공기를 쉽게 가를 수 있게 한다.
   원뿔형 기수는 보트가 앞으로 나아갈 때 물을 가르는 뱃머리에 비유할 수 있다.
 - 우주 비행사와 우주선은 원뿔형 기수 안이나 근처에 있다.
    (주: 우주 왕복선은 모양이 약간 다르다.
    그러나 우주 비행사는 원뿔 모양의 오비터 전면에 탑승한다.)
 - 로켓동체는 튜브 형태(이 활동에서는 삼각형)의 로켓 부분으로서 그 안에 로켓 연료가 들어 있다.
 - 엔진은 로켓 연료가 연소되는 곳이다. 이것은 로켓 동체의 아래쪽 끝에 있다. 엔진은 로켓을 우주로 밀어 올린다.
 - 안정판은 로켓 동체의 아래쪽 끝에 있는 작은 날개이다. 이것이 있어서 로켓이 직선으로 비행할 수 있다.

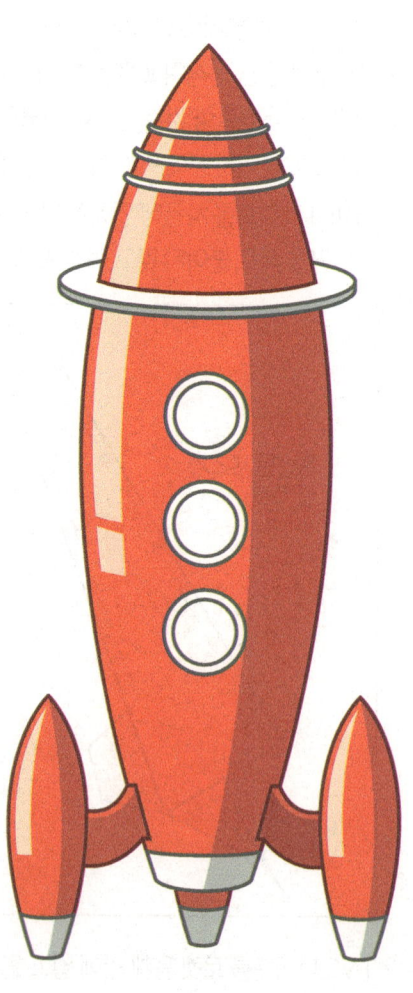

지도상 유의점

- 일러스트레이션 프로그램이 설치된 컴퓨터가 있으면 학생들이 컴퓨터에 도안을 그려 자신만의 안정판을 만들 수 있다. 이때, 사각형 너비는 바꾸면 안된다.
- 저학년과 함께 로켓을 사용할 경우에는 고학년 학생이 로켓 조립 목록을 작성하는 것을 도와주거나(동료 학습) 미리 도안을 잘라 접도록 한다.
- 테이프를 붙이기 전에 학생들에게 로켓의 원뿔형 기수 끝부분 근처에 있는 "기창" 밖으로 내다보는 본인 또는 친구나 가족 그림을 그리게 한다. 로켓 전체 길이에 장식을 해도 좋다. 컴퓨터 일러스트레이션 프로그램을 사용할 경우에는 도안에 장식을 추가한 후에 출력할 수 있다.
- 원뿔형 기수에 테이프를 붙이기 전에 세 개의 원뿔형 기수 삼각형 하나의 안쪽에 테이프로 동전을 붙이게 한다.
  - 동전을 붙이면 기수의 질량이 추가되어 비행할 때 더 안정된 상태를 유지할 수 있다.

팝 로켓

학년   반
이름

 **도전 과제** 팝 로켓을 만들어 날려 보세요

팝 로켓 만드는 방법

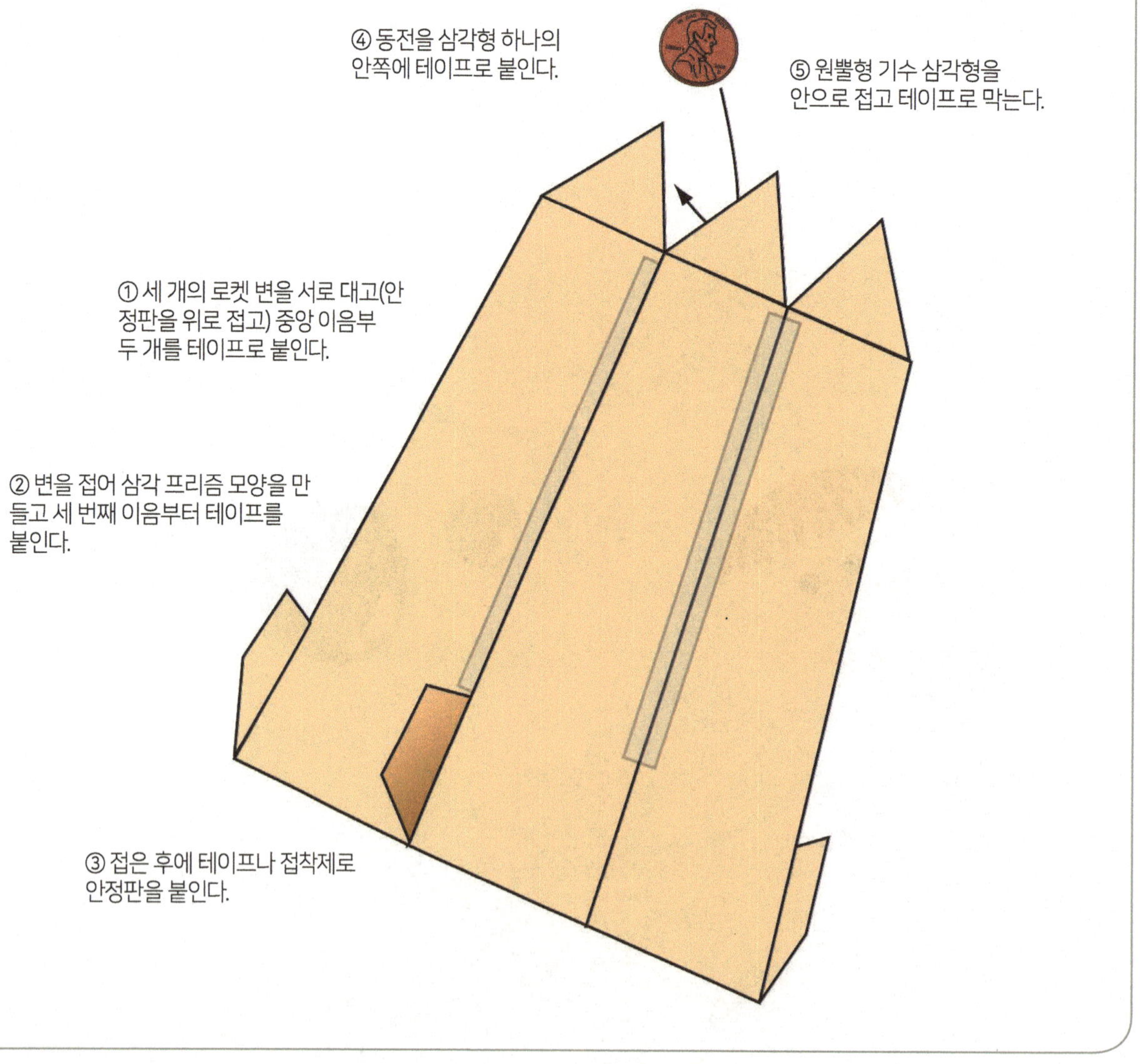

④ 동전을 삼각형 하나의 안쪽에 테이프로 붙인다.

⑤ 원뿔형 기수 삼각형을 안으로 접고 테이프로 막는다.

① 세 개의 로켓 변을 서로 대고(안정판을 위로 접고) 중앙 이음부 두 개를 테이프로 붙인다.

② 변을 접어 삼각 프리즘 모양을 만들고 세 번째 이음부터 테이프를 붙인다.

③ 접은 후에 테이프나 접착제로 안정판을 붙인다.

 **<그림자료1> 세 조각 팝 로켓**

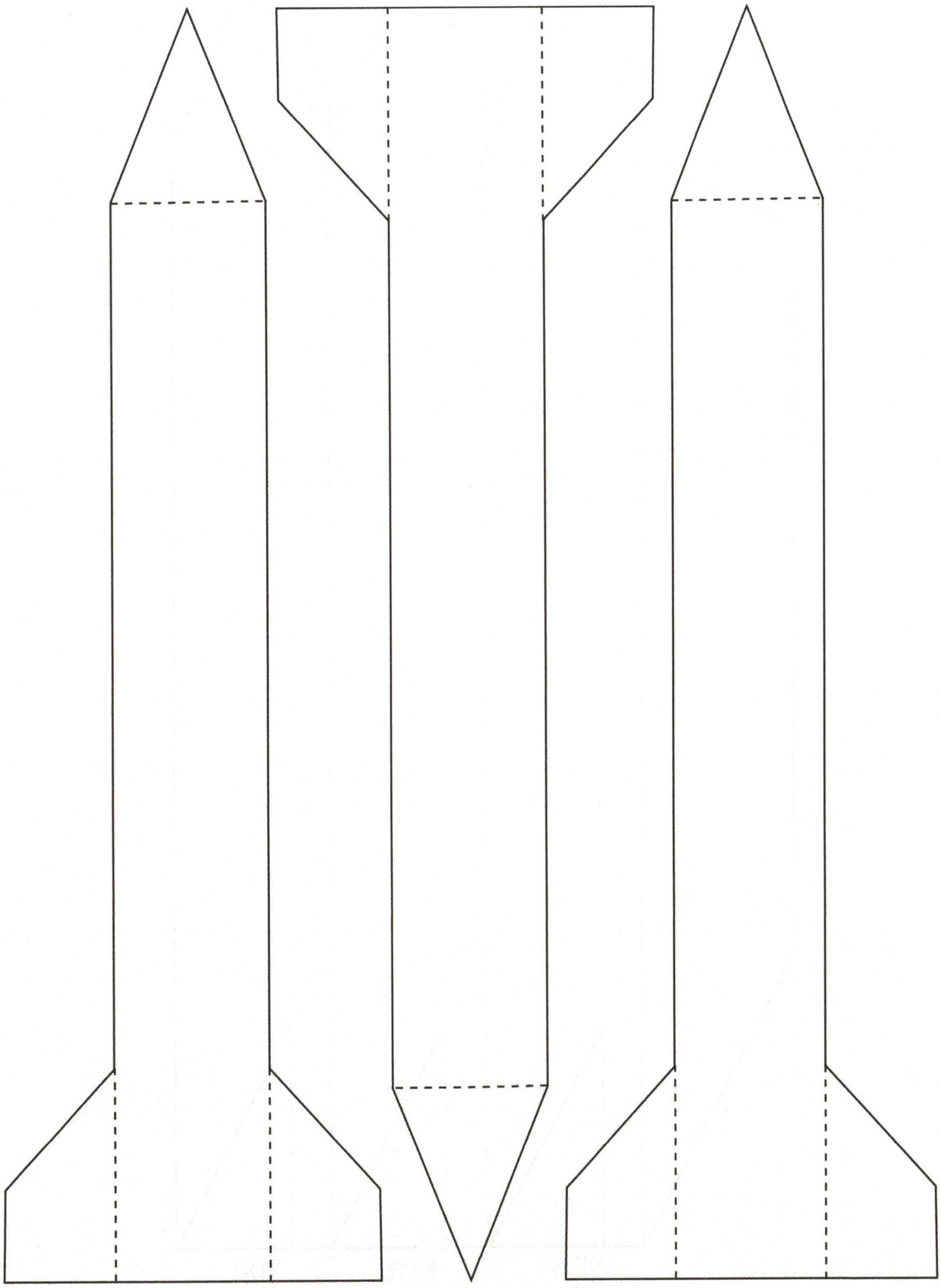

로켓 발사

 **<그림자료2> 일체형 팝 로켓**

안정판　　안정판　　안정판

폼 로켓

폼 로켓은 고무줄을 늘렸다 놓는 힘을 이용해서 발사되는 로켓이다. 실제 로켓과 질량 변화와 운동방향에서 다소 차이가 있지만, 움직임과 경로가 중력과 공기의 저항력에 영향을 받는다는 공통점이 있다.

또한 폼 로켓 발사는 고무줄이 수축할 때 로켓 추진에 필요한 작용력이 생기고 발사기는 반대 방향의 동일한 힘이 가해진다는 점에서 뉴턴의 제3운동 법칙을 잘 보여준다.

 학습목표

고무줄로 움직이는 폼 로켓을 만들어 로켓 안정성과 궤도를 이해한다.

 **해당학년 :** 5~6학년　　　 **소요시간 :** 80분

 이것이 필요해요

30cm 길이의 폴리에틸렌 폼 파이프 절연체(12.7mm 크기 파이프), 고무줄(64호), 스티로폼 식품 포장 접시, 965.2mm 플라스틱 케이블 타이, 75cm 길이의 일반 끈, 가위, 미터 자, 압정, 와셔 또는 너트, 마분지에 인쇄한 4분원 도안, 마스킹 테이프

 이렇게 준비해요

- 마분지는 두꺼운 도화지나 머메이드지로 대신할 수 있다.

 **활동 내용**

1 폼로켓 만들기

① 가위를 이용해 각 팀에서 사용할 파이프용 폼 30cm를 자른다.
② 튜브 한쪽 끝에 같은 간격으로 틈 네 개를 만든다.
- 이 틈에 안정판을 끼운다.
- 틈의 길이는 약 8 ~ 10cm이어야 한다.
③ 약 30cm 길이의 끈을 묶어 고리를 만든다.

④ 케이블 타이 한쪽 끝을 끈 고리와 고무줄에 건다. 케이블 타이를 붙여 고리를 만들고 직경 약 1~2cm의 원이 되게 조인다. 타이의 끝부분을 가위로 다듬거나 그대로 둔다.

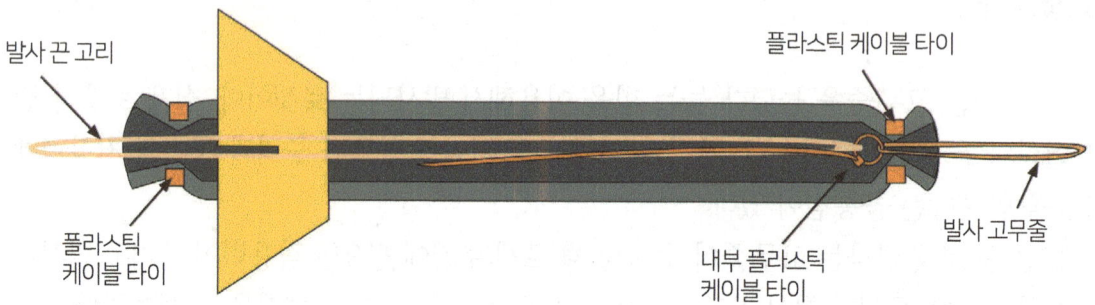

⑤ 케이블 랩에 연결된 끈과 고무줄을 폼 튜브 구멍에 넣는다.
 - 끈은 로켓 뒤쪽 끝으로 나오고 고무줄은 기수 밖으로 나와야 한다.
 - 플라스틱 고리를 기수에서 약 3cm 뒤에 놓는다.

⑥ 두 번째 케이블 타이를 로켓 기수에 끼우고 단단히 조인다. 고무줄을 당겼을 때 로켓 안쪽의 케이블 타이 고리가 빠지지 않도록 위치를 잡아야 한다.
 - 학생들에게 끈을 당기지 않게 주의를 준다. 끈은 고무줄을 반대쪽 끝에 걸고 발사할 때만 당겨야 한다.
 - 남는 케이블 타이의 끝부분을 잘라낸다.

⑦ 안정판 그림을 참조하여 스티로폼 식품 접시나 딱딱한 판지로 안정판 두 개를 만든다.
 - 두 안정판 모두 그림과 같이 하나로 걸 수 있게 새김눈을 만들어야 한다.
 - 다른 모양의 안정판을 사용해도 좋지만 하나로 "포개져야" 한다.

⑧ 포개진 안정판을 로켓 뒤쪽 끝의 틈에 끼운다. 끈 고리가 "엔진" 끝에서 밖으로 나와야 한다.

⑨ 세 번째 케이블 타이를 로켓 뒷부분에 끼우고 조여서 안정판을 고정한 후 남은 케이블 타이 이 끝부분을 잘라낸다.

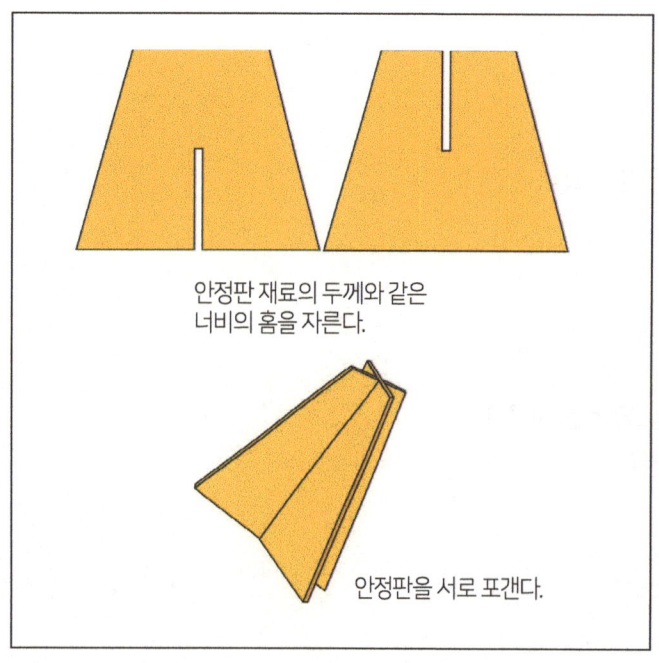

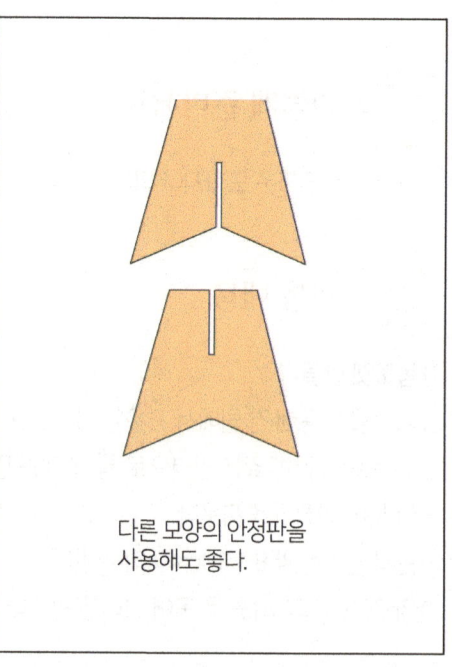

2 발사기 만들기

① 4분원 도안을 마분지로 출력한다.
② 도안을 오려 점선을 따라 접는다.
③ 4분원을 미터자에 테이프로 붙여 검정색 점이 자의 60cm 눈금 바로 위에 오게 한다.
④ 검정색 점에 압정을 꽂는다.
⑤ 압정에 끈을 묶어 너트나 와셔 같은 작은 분동을 단다.
  - 분동이 자유롭게 흔들려야 한다.
⑥ 발사기 사용 방법은 그림을 참조한다.

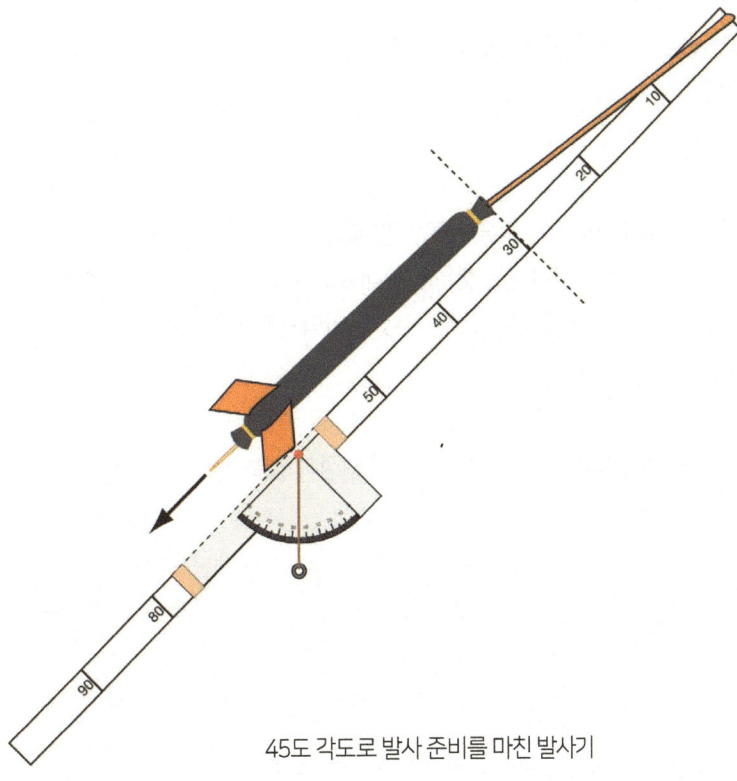

45도 각도로 발사 준비를 마친 발사기

3 도전과제 실험하기

- 조원들에게 임무를 부여한다.
  - 발사 책임자, 발사 담당자, 범위 담당자를 정한다.
  - 역할을 바꾸어가며 한다.
- 1차 발사를 한다.
  - 발사 담당자 역할

① 로켓을 발사기에 부착하고 꼬리가 60cm 표시에 닿을 때까지 끈을 뒤로 당긴다.
② 발사기를 기울여 10도에서 80도 사이로 위를 향하게 한다.
③ 발사 명령이 내려지면 로켓을 놓는다.

 로켓 발사

- 발사 책임자 역할
① 실험 결과표에 각도를 기록한다.
② 발사 명령을 내린다.
③ 로켓의 이동 거리를 기록한다.

- 범위 담당자
① 발사기로부터 로켓이 바닥에 닿은 지점(미끄러지거나 튕겨나간 부분 아님)까지의 거리를 잰다.
② 측정한 거리를 발사 책임자에게 말하고 다음 발사를 위해 로켓을   발사기로 가져다 놓는다.

- 발사 과정을 네 번 더 반복한다.
 - 각도를 10°~80° 사이에서 다르게 하여 발사한다.
- 전체 실험을 두 번 실시하는데 매번 각 조원의 역할을 바꾼다.
- 3회 실험의 결과를 비교한다.

④ 실험결과 토의하기

- 실험 원형에 0도와 90도 발사는 필요하지 않은 이유는 무엇입니까?
 - 발사가 완벽하다고 가정하면 위로 똑바로 발사된 로켓은 발사대로 돌아와야 한다. 낙하 지점이 변하는 이유는 발사 각도가 아니라 공기 흐름 때문이다. 수평으로 발사된 로켓은 바닥으로 떨어질 때까지 이동할 것이다.
- 실험용 바닥에서 로켓을 발사해도 될까요?
 - 그래도 된다. 그러나 그렇게 하면 이상할 것이다.
 - 학생 팀이 로켓의 총 이동 거리를 측정하게 되는데 바닥 위에서 일정하게 발사해도 결과에 큰 영향을 주지 않을 것이다.

 지도상 유의점

- 교내 식당이나 체육관 같이 천장이 높아 발사 범위를 확보할 수 있는 실내 공간을 선택한다.
- 5미터 지점에서 시작하여 20미터까지 1미터 간격으로 바닥에 거리를 표시한다.
- 바람이 불지 않는 경우에는 실외에서 실험을 실시해도 된다.
 - 바람 부는 날에 실외에서 로켓을 발사해도 되지만 바람이 통제하기 어려운 변수가 되어 결과가 무효가 될 수 있다.
- 견본 로켓 안정판 몇 개를 준비하여 제작 방법을 보여준다.
- 실험을 실시하기 전에 제어 개념을 검토한다.
 - 이 실험에서 제어는 로켓을 발사할 때 고무줄의 팽창 정도를 의미한다.
- 발사 각도가 실험 변수가 된다.
 - 학생들은 발사 각도와 로켓 이동 거리를 비교한다.
- 학생들을 3명당 한 조로 나눈다.
 - 한 학생은 발사를 하고, 두 번째 학생은 발사 각도를 확인하고 발사 명령을 내리며, 세 번째 학생은 발사 거리를 측정하여 기록한 다음 비행을 위해 로켓을 발사 지점으로 다시 가져온다.

- 학생들이 역할을 바꾸어 가며 실험을 2회 이상 반복한다. 비행 거리의 평균을 계산하고 학생들은 발사 지점에서 최장 거리가 나오는 발사 각도를 예측한다.

 평가

- 학생 팀에게 결론을 작성한 실험결과 보고서를 제출하게 한다.
- 학생들에게 폼 로켓의 실제 가능한 용도에 대해 적게 한다(예 : 메시지 전달).

폼 로켓

학년   반
이름

도전 과제 폼 로켓을 만들어 날려 보세요.

실험 결과

- 실험결과를 적으세요.

구분		1	2	3	4	5
실험①	발사각도					
	거리					
실험②	발사각도					
	거리					
실험③	발사각도					
	거리					

- 발사 지점에서 거리가 가장 멀게 나오는 발사 각도는 얼마입니까?

- 0도와 90도를 실험하지 않는 까닭은 무엇일까요?

■ 폼 로켓 만드는 방법

 로켓 발사

■ **발사기 4분원 도안(A4크기로 확대 복사해서 사용)**

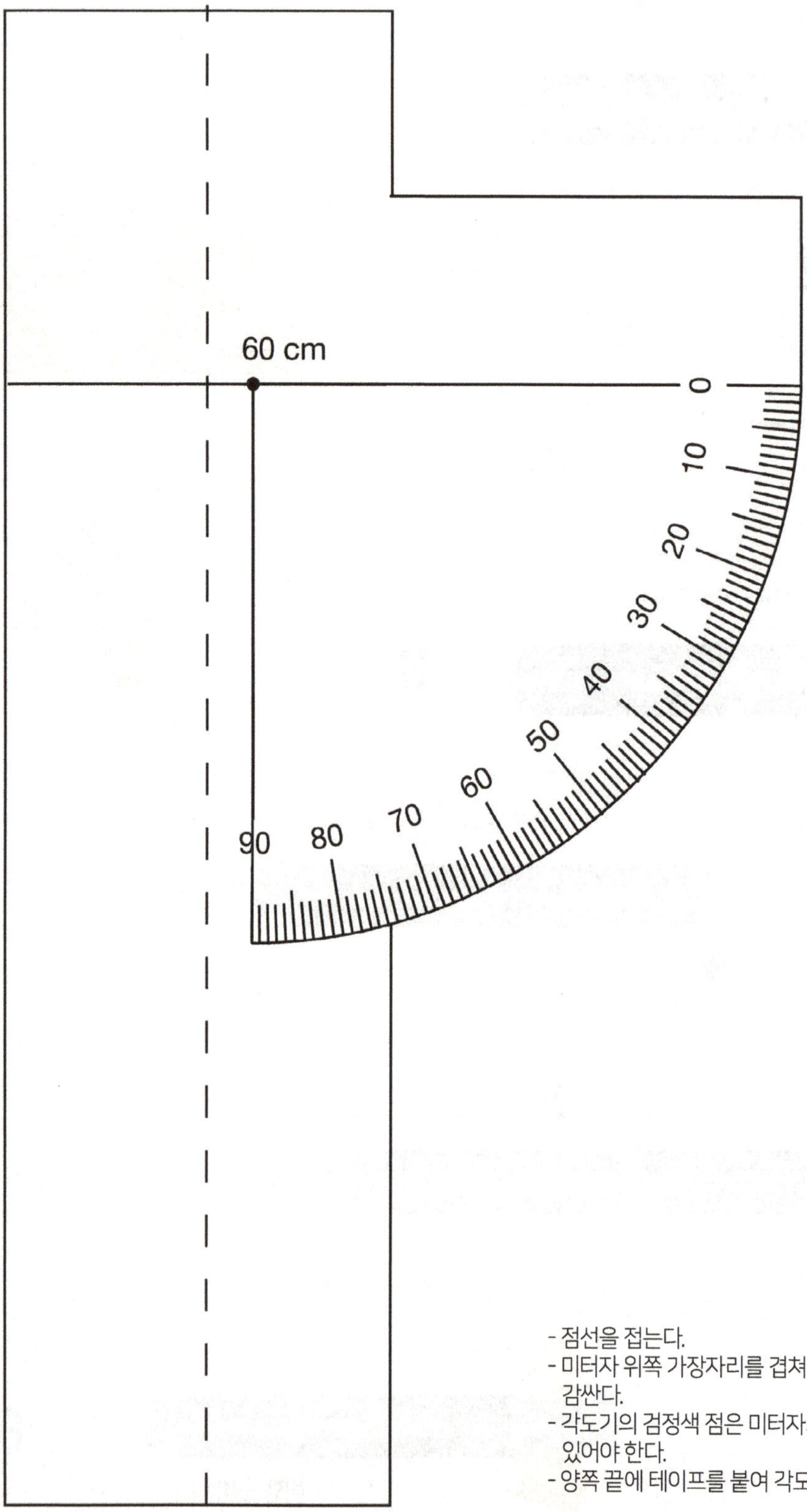

- 점선을 접는다.
- 미터자 위쪽 가장자리를 겹쳐 놓고 반대쪽에 종이를 감싼다.
- 각도기의 검정색 점은 미터자의 60cm 표시 위에 있어야 한다.
- 양쪽 끝에 테이프를 붙여 각도기를 고정시킨다.

배경 지식

폼 로켓 발사

비행 중에 폼 로켓은 안정판으로 안정을 유지한다. 안정판은 화살깃처럼 로켓이 원하는 방향을 향하도록 유지한다. 위로 똑바로 발사된 폼 로켓은 비행 최고점에 도달할 때까지 위를 향한다. 중력과 공기 저항력에 의해 제동력이 작용한다. 비행 최고점에서 로켓은 순간적으로 안정을 잃게 된다. 안정판이 공기에 부딪쳐 뒤집어졌다가 기수가 아래로 향해 떨어질 때 다시 안정을 찾는다.

폼 로켓을 90° 이하로 발사하면 전체 비행에서 안정을 유지하는 것이 일반적이다. 경로는 원호를 이루는데 그 형태는 발사 각도로 결정된다. 발사 각도가 크면 원호가 좁고 발사 각도가 작으면 넓다.

탄도 로켓을 위로 똑바로 발사하면(공기 흐름 무시) 로켓의 상승 동작이 멈출 때 그 발사 지점으로 곧장 내려온다. 로켓이 90° 이하로 발사되면 발사 지점에서 일정 거리 벗어난 곳에 착륙한다. 발사 지점과의 거리는 네 가지 요인에 따라 달라지는데, 이들 네 가지 요인은 다음과 같다.

> **중력, 발사 각도, 최초 속도, 대기 저항력**

중력에 의해 폼 로켓은 위로 올라갈 때 속도가 줄었다가 땅으로 다시 떨어질 때 가속도가 붙게 된다. 발사 각도는 중력과 함께 비행경로의 형태를 결정한다. 최초 속도와 저항력은 비행시간에 영향을 준다.

모든 비행 시험에서 중력 가속도가 동일하게 유지될 것이므로 중력은 무시해도 좋다. 또한 같은 로켓을 여러 번 날릴 것이므로 대기 저항력은 무시해도 된다. 학생들이 최초 속도를 모르지만 각 비행마다 고무줄을 같은 길이로 잡아당겨 제어할 수 있다. 이 실험의 종속 변수는 로켓의 이동 거리이다.

학생 팀들이 발사 각도와 고무줄 당기는 길이를 잘 제어한다고 가정하면 45°로 발사할 때 비행 거리가 가장 길게 나온다는 점을 관찰하게 될 것이다. 학생들은 30°로 발사하면 60°로 발사할 때와 거리가 같게 나온다는 점도 관찰할 것이다. 20°는 70°와 같은 결과가 나올 것이다 (주 : 학생들이 일관성 유지를 위해 아무리 노력해도 발사 시 약간의 차이가 있기 마련이므로 거리는 정확하지 않을 것이다. 그러나 여러 번 발사한 것을 평균하면 범위가 그림과 더 가까워질 수 있다).

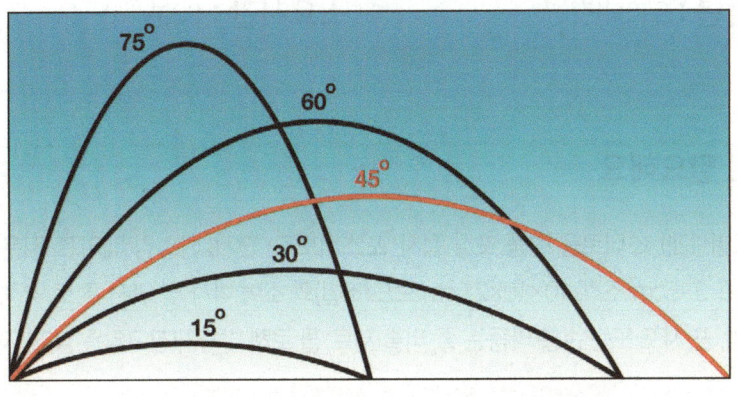

최초 발사 속도가 동일한 로켓의 발사 각도와 범위

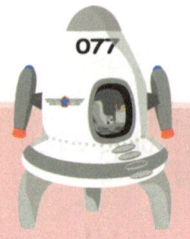

물병 로켓

물 로켓은 뉴턴의 운동법칙을 학습할 때 이상적인 활동이다. 로켓 발사는 뉴턴의 제 3법칙을 쉽게 보여준다. 학생들은 물이 노즐에서 뿜어져 나오는 것(작용)과 로켓이 하늘로 돌진하는 모습(반작용)을 관찰할 수 있다.

학생들은 로켓 내부의 압력과 물의 양을 달리하여 실험할 수도 있다. 공기만 채워진 로켓은 그렇게 높이 날지 못한다. 공기는 발사할 때 빨리 배출되지만 그 질량은 매우 낮기 때문에 생성된 추진력도 낮다(뉴턴의 제2법칙). 그러나 병에 물을 넣으면 공기가 병에서 나가기 전에 물을 먼저 밀어내야 하기 때문에 물은 로켓이 밀어낼 질량을 증가시켜 추진력이 높아진다.

모든 로켓과 마찬가지로 물 로켓의 비행 성능도 로켓의 모양과 제작 기법의 영향을 크게 받는다. 안정판의 앞부분과 끝부분 가장자리를 기울이면 공기를 좀 더 깨끗하게 가르며 통과할 수 있다. 직선으로 끼운 안정판은 공기와의 마찰이나 저항력이 거의 없다. 원뿔형 기수에 들어 있는 작은 균형추가 로켓의 균형 유지에 도움이 된다. 작은 균형추 때문에 뒤쪽의 안정판 표면적이 넓어도 로켓의 질량 중심이 앞으로 이동하게 된다. 비행 시 원뿔형 기수는 위를, 안정판은 아래를 향해 로켓 모양이 풍향계와 같은 형태가 된다.

 학습목표

음료수 병과 기타 재료를 사용하여 물 로켓을 만들 수 있다.
물 로켓 발사 실험을 통해 추진력과 로켓의 관계를 이해한다.

 해당학년 : 5~6학년   **소요시간 :** 80분

 이것이 필요해요

2리터 음료수 병(조별 1개), 스티로폼 식품 포장 접시, 포스터보드, 판지, 마스킹 테이프, 저온 글루건과 접착제, 12.7mm PVC 파이프 3~5cm 조각, 10×10×2.5cm 보드(조별)와 소형 나사 및 와셔, 점토 약간, 보안경, 비닐 쇼핑백 또는 얇은 천 조각, 끈, 사포 또는 손톱 다듬는 줄, 미술 재료, 물 로켓 발사기(참고활동 참조), 자전거 펌프 또는 소형 압축기.

이렇게 준비해요

- 물 로켓 발사기는 참고 활동을 보고 제작할 수도 있고 구입해서 사용할 수도 있다.

활동 내용

1 미리 준비하기

- 스티로폼 식품 포장 접시, 포스터보드, 테이프, 사포, 미술 도구 등의 재료가 있는 비품대를 설치한다.
- 가열된 저온 글루건 몇 개와 여분의 글루 스틱이 있는 접착 작업대를 설치한다.
- 작은 나무 블록으로 조립대를 만든다.

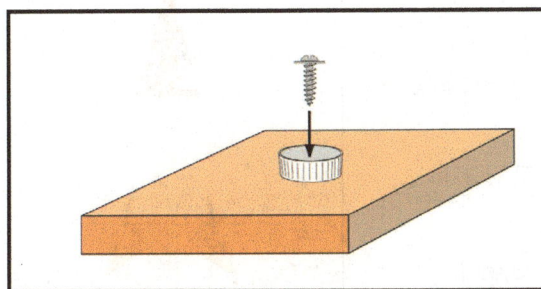

- 플라스틱 병 뚜껑을 보드에 나사로 고정시켜 장착판을 만든다.
- 와셔를 사용하여 더 튼튼하게 만든다.

- 작은 나사와 와셔를 사용해 병뚜껑을 각 보드 중앙에 부착한다. 이때 나사나 와셔가 뚜껑을 관통해야 한다.
- 학생들이 로켓 제작을 시작하면 나사로 병목을 뚜껑에 고정시키고 그 아래 보드에 로켓을 똑바로 세워 접착제를 붙일 수 있게 한다.
- 작업하지 않는 동안 로켓을 세워 보관하는 용도로 사용할 수 있다.
- PVC 부분을 미리 잘라둔다. 잘린 조각을 기울여 유선형을 만들 수 있도록 자른다.
- 톱이나 PVC 커터로 자른다.
- 각 조각은 로켓이 하늘로 올라가는 첫 순간에 로켓이 발사 막대를 타고 가도록 유도하는 발사 유도관 역할을 한다.

경사지게 자른 발사 유도관

2 도전과제 설명하기

- 학생들을 팀으로 나눠 로켓을 만들게 한다.
- 로켓 제작 기법에 대해 이야기한다.
- 팀에게 글루건 사용법을 가르쳐주고 손가락에 접착제가 묻을 경우 냉수 접시에 담그라고 일러준다.
- 학생들은 보안경을 끼고 접착제를 발라야 한다.
- 고온 글루건을 사용하면 플라스틱이 녹기 때문에 저온 글루건을 사용해야 한다.
- 얼음물 한 접시를 가운데에 두면 손가락에 뜨거운 접착제가 묻었을 때 도움이 된다. 손가락을 담그면 접착제가 금방 식는다. 글루건은 전기로 가열되므로 젖을 경우 감전될 수 있기 때문에 물그릇을 글루건 근처에 놓지 않는다.

로켓 발사

3 물로켓 만들기

- 각 조별로 조립대와 2L 음료수 병을 준다.
  - 그 외에 각 조별로 사용한 재료를 기록하게 한다.
- 학습지에 제시된 방법에 따라 물 로켓을 만든다.
- 안정판을 사포로 매끈하게 만들면 공기 저항을 줄일 수 있다는 것을 설명한다.
  - 사포로 안정판을 칼날 모양으로 다듬어 공기를 관통하도록 만들 수 있다.
- 학생들에게 원뿔형 기수 안에 점토를 붙이게 한다.
- 발사 유도관에 접착제를 발라 로켓 측면의 몸체 중간에 붙이고 두 안정판 중간에 배치하게 한다.
- 로켓이 안전하게 착륙할 수 있도록 낙하산을 로켓에 붙이는 방법을 생각해보게 한다.
  - 비닐 쇼핑백이나 가벼운 천 조각을 잘라 낙하산을 만들고 끈으로 붙일 수 있다.
  - 원뿔형 기수는 로켓이 비행 최고점에 도달할 때까지 그대로 있다가 열리면서 낙하산이 펴져야 한다.
- 로켓이 완성되면 끈을 묶어 다음과 같은 방법으로 로켓의 비행이 가능한지 확인한다.
  - 1~2m 길이의 끈을 로켓 중간에 묶어 균형을 잡는다.
  - 원뿔형 기수의 무게 때문에 균형점이 기수 쪽에 있다.
  - 매단 로켓이 수평이 되면 테이프 조각을 끈과 병에 임시로 붙여 끈이 미끄러지지 않게 한다.
  - 그런 다음 끈을 잡고 돌리면 로켓이 원을 그리며 빙빙 돈다.
  - 로켓이 도는 동안 뒤집어지면 안정적이지 않은 것이므로 원뿔형 기수 무게를 늘리거나 안정판을 크게 만들어야 한다.
  - 로켓이 항상 기수 쪽을 향해 회전하면 안정적인 것이므로 발사해도 된다.

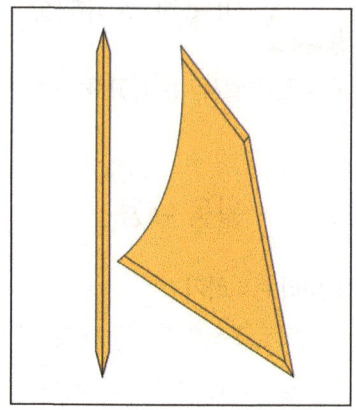

발사대 연결부

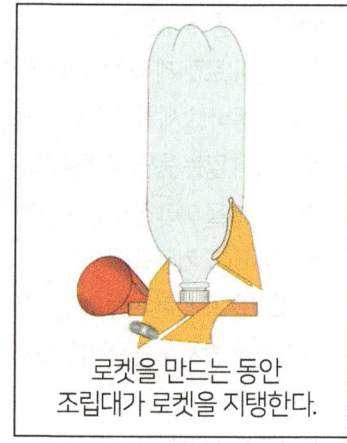

로켓을 만드는 동안 조립대가 로켓을 지탱한다.

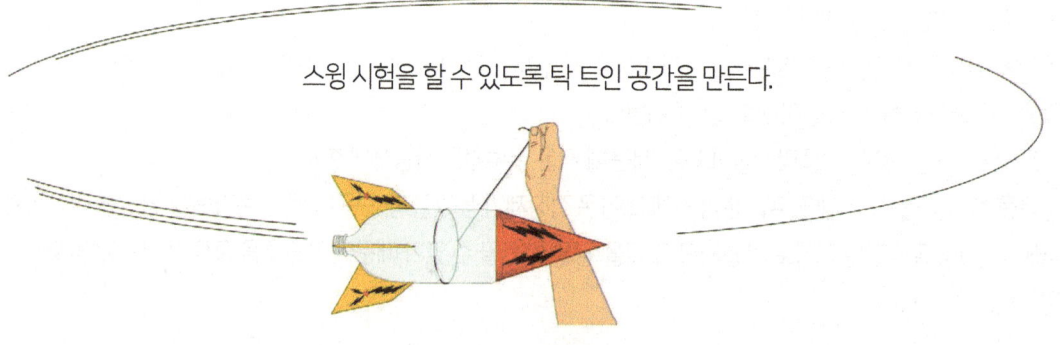

스윙 시험을 할 수 있도록 탁 트인 공간을 만든다.

지도상 유의점

- 활동 몇 주 전부터 2리터 음료수 병을 모아둔다. 뚜껑도 버리지 않고 병을 세척한 후 라벨을 뗀다.
  병에 끈적이는 부분이 약간 남아 있을 경우 점성 제거제를 사용하여 닦아내도 좋지만 그럴 경우 표면에 얼룩이 생긴다.
- 물 로켓의 물은 일부만 채우고 꽉 채우지 않도록 한다.
- 학생들과 발사 절차를 검토한다. 발사 하루 전에 검사를 실시하여 로켓 안정판이 단단히 붙어있는지 확인한다.
- 로켓이 도달한 고도를 측정할 추적 소를 설치한다. 로켓을 발사할 때 모든 안전 절차와 지침을 준수한다.

물 로켓

학년   반
이름

도전과제 물 로켓을 만들어 날려 보세요.

■ 물 로켓 만드는 방법

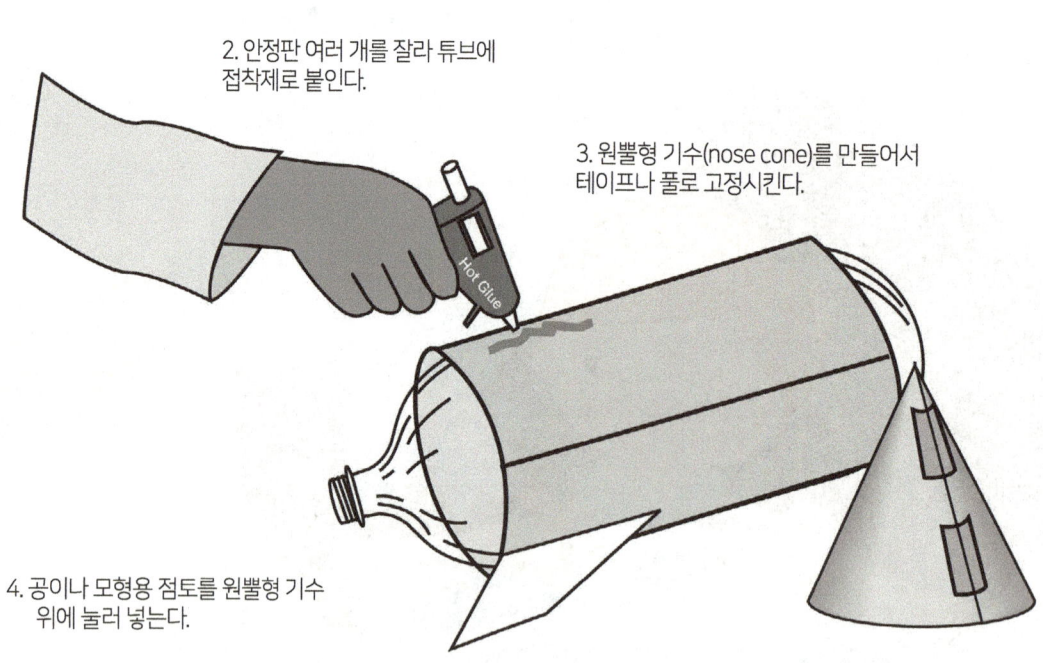

1. 포스터 보드 튜브를 병에 두르고 접착제나 테이프로 붙인다.
2. 안정판 여러 개를 잘라 튜브에 접착제로 붙인다.
3. 원뿔형 기수(nose cone)를 만들어서 테이프나 풀로 고정시킨다.
4. 공이나 모형용 점토를 원뿔형 기수 위에 눌러 넣는다.
5. 원뿔형 기수를 로켓 끝부분에 붙인다.
6. 로켓을 장식한다.

참고 활동

물로켓 발사기를 만들어요

플라스틱 음료수 병으로 만든 물 로켓은 100m 이상 비행할 수 있다. 병에 물을 넣고(완전히 채우지 않음) 자전거 펌프나 소형 압축기로 공기를 넣어 압축한다. 로켓을 압축하는 동안 로켓을 고정시킬 특수 발사대가 필요하다. 원하는 압력에 도달하면 고정 장치를 풀고 로켓을 발사하면 된다.

 이것이 필요해요

구매 목록 참조
톱, 드릴, 드라이버, 자전거 펌프 또는 작은 전기 압축기

- **구매목록**

나무 베이스 - 1개 (직경 16″ 원 또는 16″×16″ 정사각형, 합판접합목재, 두께 3/4″~1 1/2″) 목공소  ①	1 1/2″×5/8″ 모서리 꺾쇠 - 3개 철물점  ⑥	8″ 연결판(나사 포함) - 2개 철물점 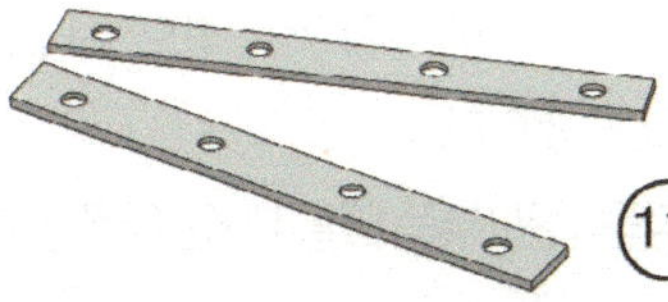 ⑪
3″ 나무블록(2×4에서 잘라낸 것) - 1개 목공소 ② 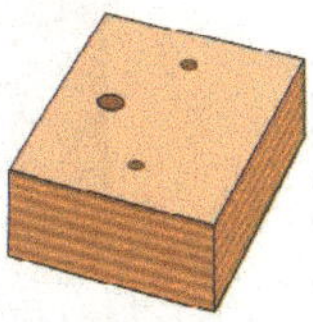	1/2″ 아연 도금 바닥 플랜지(나사포함) - 1개 철물점 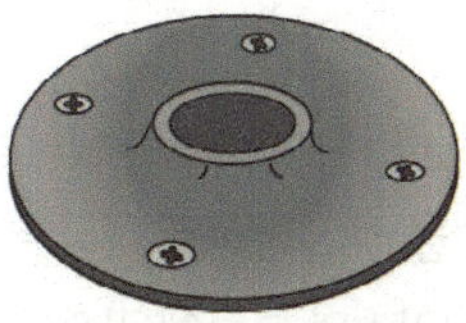 ⑦	3호 구멍 1개 짜리 고무마개 - 1개 학교 과학 용품점, 철물점 ⑫ 
6″ 나무블록 (2×4에서 잘라낸 것) - 1개 목공소 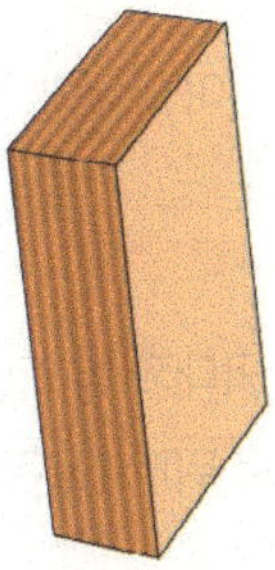 ③	1/2″ MIP 6각 접관(철봉) - 2개 철물점  ⑧	10′ - 1/2″ O.D.1/4″ I.D. 고압 공기 호스 - 6개 (자전거 펌프 / 압축기용 연결관 포함) 철물점  ⑬

5/16″ 은못(36″ 길이) - 1개 목공소 ④	1/2″ 주조 피메일 T자관(철봉) - 1개 철물점 ⑨	후크와 고리 케이블 타이 (예 : Velcro One Wrap) 문구점 또는 철물점 ⑭
12호 냄비 머리 금속 나사 - 4개 ⑤ 10호×3/4″ 나무 나사 - 4개 10×호2 1/2″ 나무 나사 - 2개 철물점	1/4″ I.D. 바브 스플라이서(철봉) - 1개 ⑩	64호 고무줄 문구점 ⑮

1 로켓발사기 조립방법

① 아연 도금 바닥 플랜지(부품 7번)를 발사기 베이스 중앙에 나사로 고정시킨다.

② 공기 호스(부품 13) 한쪽 끝을 T자 관(부품 9) 중앙 구멍에 끼운다. 호스가 T자관 맨 위 구멍에서 약 7cm 밖으로 나오도록 호스를 구부린다. 구부리는데 약간의 힘이 들 것이다.

③ 청동 접관(부품 8)을 T자관 양쪽 끝에 끼워 넣는다. 호스가 맨 위 접관 밖으로 나온다.

④ 바브 슬라이서(부품 10)를 T자 관과 접관에 밀어 넣은 호스 끝에 끼운다. 바브의 반대쪽 끝을 고무 마개(부품 12번)에 밀어 넣는다. 고무마개의 넓은 쪽 끝이 접관 쪽으로 조립되어야 한다. 고무 마개가 T자 관에 닿을 때까지 호스를 당긴다. 아래쪽 접관을 플랜지에 끼워 넣는다.

내부도

⑤ 15.24cm 2X4 블록(부품 3번)을 플랜지 옆에 세운다. 세 개의 모서리 꺾쇠(부품 6번)의 나사 구멍에 표시한다. 꺾쇠로 블록이 고정될 것이다. 꺾쇠 하나는 측면으로, 하나는 플랜지 반대 쪽 블록의 측면으로 간다. 베이스와 블록에 길잡이 구멍을 뚫고 블록을 베이스에 나사로 고정시킨다.

⑥ 옆면에 있는 소형 블록(부품 2번)에 길잡이 구멍 두 개를 뚫는다. 구멍이 서로 일직선이 되어야 한다. 첫 번째 블록 반대 쪽 플랜지 옆에 블록을 놓고 나사로 고정시킨다.

⑦ 다른 부품을 정렬시킬 수 있도록 빈 음료수 병을 마개에 끼운다.

⑧ 작은 블록에 발사 막대(부품 4번)를 끼울 수 있을 정도의 구멍을 뚫는다. 이 구멍은 막대가 병 측면에 오도록 배치한다.

⑨ 20.32cm 연결판(부품 11번) 두 개를 병 주둥이(병을 뒤집었을 때 뚜껑 나사산 바로 위)에 맞춘다. 고무 마개 높이를 조절해야 할 것이다. 발사할 때 병 목(로켓 노즐)을 고무 마개로 단단히 밀봉해야 한다.

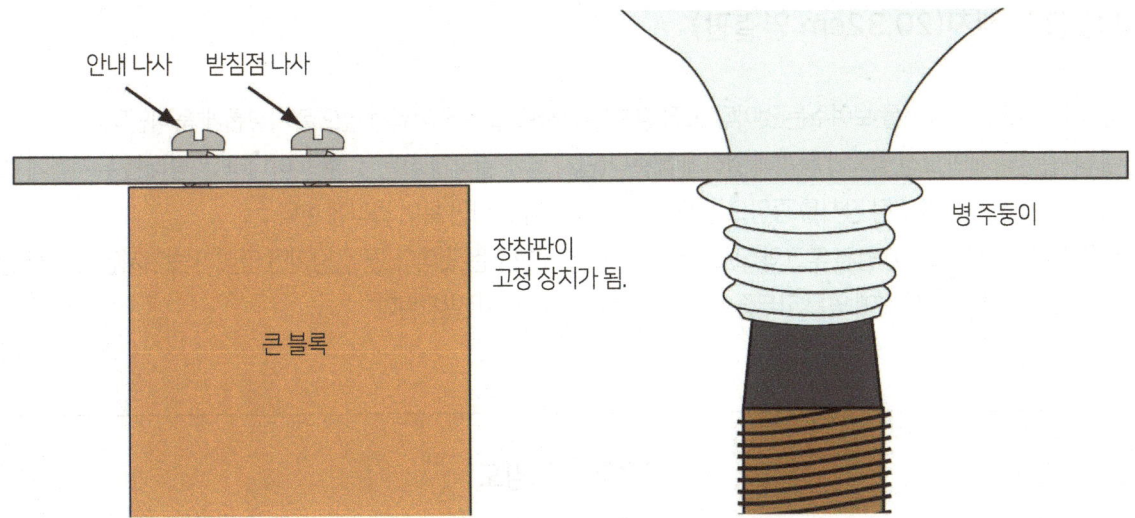

연결판(고정 장치)에 의해 병이 마개에 대고 눌려 고정된 상태에서 펌프에 의해 공기가 안으로 들어간다.

접관 하나 또는 두 개를 돌려 마개와 병을 올리거나 내리면 고정 장치와 병 주둥이가 만난다. (연결판 두 개는 병 주둥이 바로 위 목에서 옆으로 회전하는 바이스 조와 같다.) 각 연결판의 두 번째 구멍(뒤에서)에 삽입된 나사가 받침점 역할을 한다. 연결판이 안쪽으로 회전하면 병이 걸린다. (연결판이 밖으로 회전하면 병이 풀린다.)

연결판에 병이 잘 걸리면 두 번째 구멍의 위치에 표시하고 연결판을 큰 블록의 위쪽 끝에 나사로 고정

⑩ 두 개의 안내 나사를 약 1.9cm 간격으로 설치한다.

안내 나사는 두 연결판이 완전히 열려 병이 풀리게 해준다. 15.24cm 블록에 연결판을 배치하는 방법은 그림을 참조한다.

⑪ 고정 장치의 짧은 쪽 끝에 고무줄 여러 개를 감는다. 발사할 때 고정 장치가 벌어질 정도의 탄성이 되는지 고무줄을 시험해본다.

⑫ 후크와 고리 케이블 타이(부품 14번)를 장착판 두 개 중 하나의 종단 나사 구멍에 통과시킨다. 이렇게 하면 매듭이 장착판에 부착된다. 발사 끈을 타이 반대쪽 끝에 묶는다. 끈의 길이는 약 4미터가 되어야 한다.

⑬ 자전거 펌프나 압축기 호스를 공기 호스에 연결한다. 펌프 종류에 따라 펌프를 끼울 연결관이 필요할 수 있다. 한 가지 방법은 바브 스플라이서를 발사기 공기 호스 반대 쪽에 하나 더 끼우는 것이다. 펌프 호스를 잘라 바브를 그 안에 밀어 넣어 연결관을 만든다.

소형 호스 고정 장치를 이용해 바브를 호스에 고정시킨다. 다른 종류의 연결 장치도 있으며 약간의 실험이 필요할 수 있다. (발사기와 펌프를 철물점에 가져가 추천해달라고 하는 방법도 있다.)

▣ 고정 장치 배치(20.32cm 연결판)

다음 그림은 로켓 병 배치를 보여주는 것이다. 고정 장치는 나사로 블록에 끼워져 옆으로 자유롭게 움직인다.

안내 나사는 두 개의 고정 장치가 동시에 열리게 해준다(단지 넓게 열리게 하는 것 뿐만 아니라 그 상태를 유지하게 해준다). 발사 준비를 마치면 고정 장치를 중앙으로 돌려 병 주둥이 바로 위인 목이 걸리게 한다.

아래쪽 그림은 고정 장치에 감긴 후크와 고리 케이블 타이를 보여주는 것이다. 끈을 당기면 타이가 벗겨지면서 고정 장치가 풀린다. 고정 장치 반대편에 있는 고무줄에 의해 분리되면서 로켓이 발사된다.

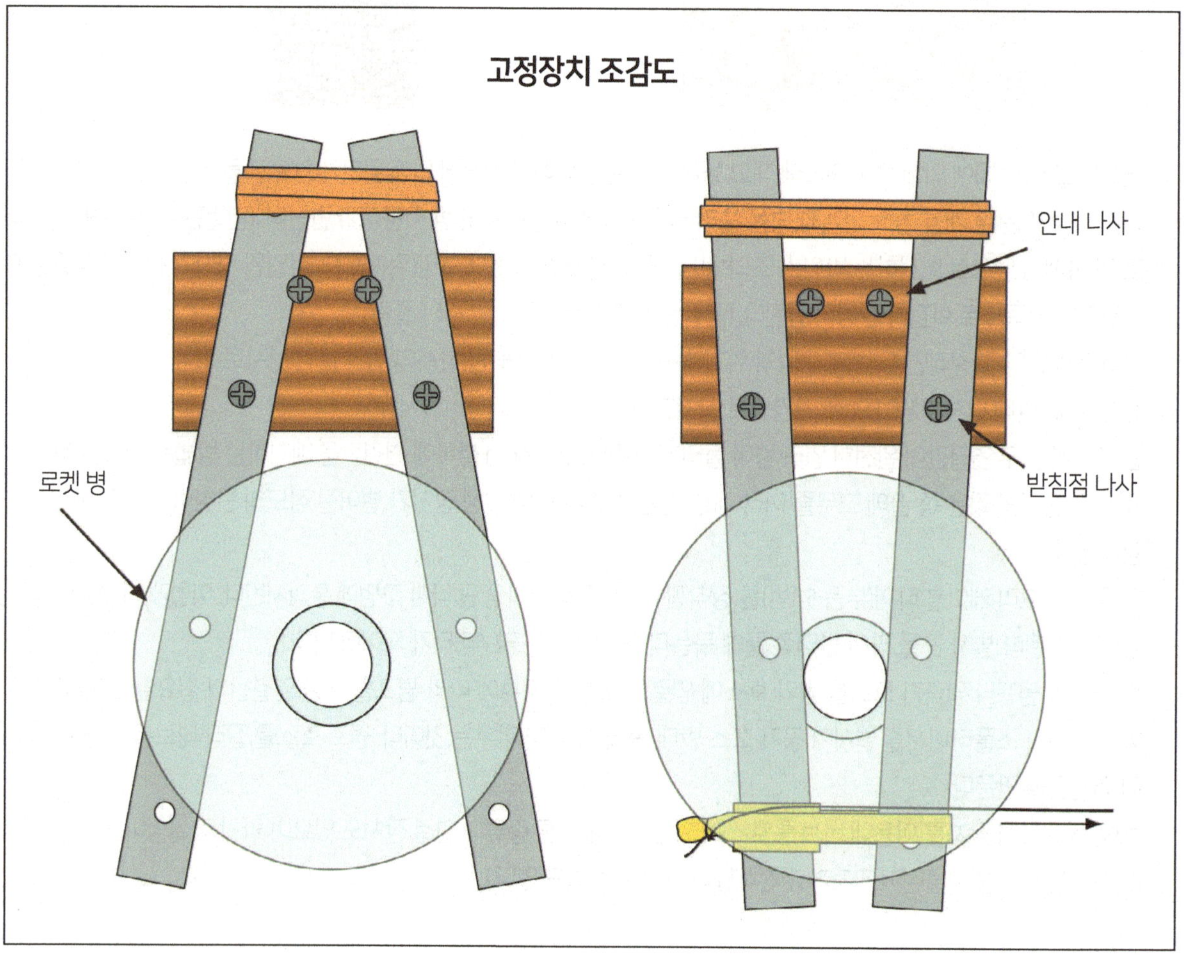

고정장치 조감도

3. 우주 왕복선

 단원 소개

본 단원은 우주 왕복선의 구조와 발사 과정 및 우주 왕복선의 역할을 이해하는 내용으로 구성하였다.

우주 왕복선이 일반 로켓과 다른 점을 이해할 수 있는 내용을 선정하여 1차시는 우주 왕복선의 구조적 특징을 발사과정과 함께 이해한다. 2차시에는 우주 왕복선이 지구로 돌아올 때 우주선의 비행 속력을 줄여 안전한 착륙을 돕는 낙하산에 대한 실험을 한다. 3차시는 우주 비행사가 되기 위한 준비, 우주 비행사의 역할 등 우주 왕복선에 탑승하는 우주 비행사의 임무를 이해할 수 있는 6가지 주제를 조별로 조사 발표하는 활동으로 이루어졌다.

주제 안내

순	주 제	대상학년	소요시간
1	우주 왕복선	4~6학년	40분
2	왕복선 감속 낙하산	5~6학년	80분
3	우주 비행사의 임무	5~6학년	80분

 지도상 유의점

우주 왕복선과 국제 우주 정거장에 대한 배경 지식을 미리 인지하고 수업을 준비하도록 한다. 우주 왕복선의 구조를 완전히 숙지하여 그 구성요소에 대해 정확히 설명하고 일반 로켓과 다른 점을 이해하게 한다.

제시된 그림 자료와 비디오 자료 및 인터넷 사이트를 적절히 활용하여 지도한다. 교사용 그림 자료는 나중에 다시 사용할 수 있도록 얇은 비닐을 씌워 사용할 수 있다.

비행사의 임무에 대한 조사 학습에서는 그림책 자료를 많이 활용하여 보고서 작성에 참고할 수 있게 한다. 조사 기간은 학생의 수준에 따라 적정하게 조절하는 것이 좋다.

⭐ 4 배경 지식

🛸 우주 왕복선

우주선 또는 로켓을 발사해 국제 우주 정거장의 각 구성요소를 우주로 배달한다. 이러한 우주선은 승무원, 보급품, 하드웨어 등을 지구에서 정거장으로 운반한다.

우주 왕복선은 여러 부분으로 구성되었는데, 그 중 하나가 궤도선이다. 궤도선은 흰색의 삼각형 모양을 하고 있는 곳으로, 우주선에서 우주로 이동하여 지구를 선회하는 유일한 부분이다. 궤도선은 승무원을 운송하고 화물칸에 국제 우주 정거장의 구성요소들을 운반해 준다. 궤도선이 우주에 도달하려면 백색 고체 로켓 부스터 두 개와 커다란 오렌지색 외부 탱크가 필요하다.

카운트다운이 시작되고 로켓 엔진이 점화되면 우주 왕복선은 연기를 꼬리처럼 남기며 하늘로 이동한다. 고체 로켓 부스터는 고체 추진제를 사용한다. 이 고체 연료의 밀도는 지우개의 밀도와 같다. 고체 로켓 부스터는 2분 정도 연소되며, 궤도선이 하늘 높이 이동하도록 도와준다. 그런 다음 추진제가 완전히 소비되면 고체 로켓 부스터는 더 이상 필요하지 않다. 약 2분이 경과한 시점에 외부 탱크와 궤도선으로부터 추진 로켓이 제거(분리)된다. 추진 로켓들은 대형 낙하산에 매달려 바다로 떨어진다. 이 고체 로켓 부스터는 해안으로 끌어 올려 수거한 후에 다시 점검해서 다음 우주선 발사에 사용한다.

커다란 오렌지색 외부 탱크는 궤도선에 부착되어 남아 있다. 외부 탱크 안에는 액체 수소와 산소가 들어 있다. 수소와 산소는 상온에서 기체 상태로 존재할 수 있는데, 외부 탱크에서는 수소와 산소가 매우 차가워서 액체 상태로 존재한다. 액체 수소와 산소는 우수한 로켓 추진제이다. 외부 탱크는 궤도선의 후미 부분에 있는 주엔진 3개에 연료를 공급한다. 이륙한 지 8분 후에 외부 탱크의 추진제가 모두 소진된다. 외부 탱크는 궤도선을 우주로 보내는 자신의 임무를 완수했으므로 더 이상 필요하지 않다. 외부 탱크가 궤도선에서 분리되어 지구로 떨어지는데 지구의 대기를 뚫고 내려오면서 뜨거워진다. 약 40분 후 궤도 조종 시스템(OMS) 엔진이 궤도로의 여행을 완수하기 위해 점화된다.

궤도선은 지구 주위를 회전, 즉 선회한다. 궤도선의 화물실(payload bay)에는 우주 정거장으로 보내는 새로운 구성요소를 보관한다. 화물실의 도킹 포트는 궤도선이 국제 우주 정거장과 결합 또는 도킹할 수 있도록 도와준다. 도킹 후 로봇 팔(robotic arm)이 화물실에서 새 모듈을 꺼내 정거장에 부착한다. 그런 다음, 우주 비행사가 우주 유영 또는 선외 활동(EVA)을 통해 국제 우주 정거장에 새 구성요소를 부착하도록 도와준다.

우주에서의 자신의 임무를 마치고 나면 궤도선은 지구로 돌아와 활주로에 착륙한다. 이때 낙하산이 궤도선의 속도를 서서히 줄여 정지시킨다. 지구로 돌아온 우주 왕복선은 우주 센터에서 정비를 하고 우주로 돌아갈 수 있도록 준비한다. 궤도선은 재사용 가능한 발사체이다.

우주 정거장

국제 우주 정거장은 역사상 가장 복잡하며 국제적인 과학의 시도를 보여 준다. 또한 우주에서 수행하는 건설 프로젝트 중 가장 규모가 큰 것이기도 하다. 미국을 비롯한 16개국이 이것을 건설하기 위해 자원과 전문 지식을 공유하며 함께 일하고 있다. 협력국으로는 캐나다, 러시아, 일본, 브라질과 유럽 우주국의 11개국이 포함되어 있다. 미국에서 국제 우주 정거장의 건설을 담당하고 있는 기관은 미 항공우주국이다.

국제 우주 정거장 건설은 매우 복잡하고 도전적인 과제이다. 완공이 된 우주정거장의 폭은 108.5m, 길이는 88.4m가 될 것이다. 대략적으로 풋볼 경기장 2개를 나란히 붙여 놓은 것과 같은 규모이다. 또한 완공 시 정거장의 무게는 약 453,500kg이 될 것이다. 이 정도 규모의 물체를 한 번에 우주로 운반할 수 있는 로켓은 없다.

우주 정거장은 개별 구역으로 이루어져 있다. 구역의 모양과 크기는 매우 다양하며 각 국가가 국제 우주 정거장의 서로 다른 구역을 만들고 있다. 실험실, 거주구역, 기기 및 보관 구역 등이 있고, 우주 정거장의 중요한 구성요소로는 크고 반짝이는 태양 전지판이 있다. 태양 전지판은 우주 정거장에 동력을 공급한다. 거대한 태양 전지판이 우주 정거장에 전기를 공급하는 것이다. 생성되는 전기는 평균적인 가정 10곳에 전력을 공급할 수 있을 정도이며, 물은 우주 정거장 내에서 재활용된다. 우주 비행사들은 마이크로 중력 환경에서 유영할 때 정거장 내 온도가 겉옷을 입지 않아도 되는 정도라고 느낄 수 있다.

국제 우주 정거장은 그 크기 때문에 반드시 부분으로 나누어 우주로 보내야 하는데, 로켓이 바로 그런 부분들을 우주로 운반해 준다. 지구에서의 거리가 약 470km에 이르는 곳에서 시속 28,163km로 움직이며 90분에 한 바퀴씩 지구 주위를 돌면서 정거장을 건설해야 한다. 우주 정거장 건설은 1998년에 시작되었고, 그 이후 우주 정거장의 규모는 계속 커져 왔다. 2000년에 최초로 다국적 승무원 세 명이 정거장에서 지내며 근무하기 시작했다. 그렇게 우주 정거장에서 거주하기 시작함으로써 인류가 장기적으로 우주에 체류하는 일이 재개되었다.

국제 우주 정거장은 우주에 있는 과학 실험실이다. 우주 정거장 덕분에 마이크로 중력 환경에서 연구하는 일이 가능하다. 이러한 생물학, 화학, 물리학, 생태학, 의학 연구는 지구에 살고 있는 사람들에게 도움을 준다.

 # 우주 왕복선

　우주 정거장으로 사람, 보급품, 하드웨어를 국제 우주 정거장으로 보내기 위해 우주 운송 시스템(STS), 즉 우주 왕복선을 이용한다. 우주 왕복선은 특별한 종류의 로켓으로 몇 개의 서로 다른 요소로 구성되어 있다. 또한 발사 후에 여러 단계를 거쳐 우주로 날아간다.

 ### 학습목표

우주 운송 시스템과 우주 왕복선의 구성요소를 이해한다.
우주 왕복선의 발사 순서를 이해한다.

 **해당학년 :** 4~6학년　　 **소요시간 :** 40분

 ### 이것이 필요해요

프로톤 및 소유즈 그림, 우주선 발사 순서 카드 1세트(교사용, 학생용), 우주 왕복선 구성요소 그림, 우주선을 궤도로 발사하는 순서 그림, 우주 왕복선 모형, 우주선 발사 사진과 비디오 테이프, 비닐백

 ### 이렇게 준비해요

- 교사용 우주선 발사 순서 카드는 확대해서 사용한다.
- 우주 왕복선 모형은 장난감 가게에서 구입할 수 있다.
- 발사 순서 카드는 수업 후에 비닐백에 넣어 정리한다.
- 우주 왕복선 발사와 착륙 자료 관련 사이트
  http://science.ksc.nasa.gov
- 우주 왕복선의 여러 기능을 설명하는 약 1분 30초짜리 단편 비디오 관련 사이트
  http://www.nasa.gov/returntoflight/multimedia/indexhowitwork.html
  - 궤도선 처리　　- 우주 왕복선 주 엔진
  - 낙하산　　　　- 고체 연료 부스터
  - 외부 연료 탱크

 ## 활동 내용

1 도전과제 소개하기
- 비디오 테이프, 그림, 사진 자료를 이용해서 학생들에게 우주선을 궤도로 발사하는 순서를 보여주고 우주선 발사 순서를 살펴본다.
- 우주 왕복선의 구성과 발사 순서를 알아보는 수업임을 설명한다.

2 도전과제 이해하기
- <그림자료 1~2>를 이용하여 우주 왕복선의 각 부분의 명칭을 살펴본다.
- 학습지의 우주 왕복선을 궤도로 발사하는 순서 그림을 살펴본다.
  - 발사 순서에 대해 학생들과 토의하고, 궤도선에서 떨어져 나오는 각 부분에 대해 이야기 한다.
  - <그림자료3-우주선 구성요소>를 활용해 각 부분이 어떻게 분리되는지 보여준다.
- 우주 왕복선과 우주 왕복선 구성요소의 그림을 활용해 궤도로 발사하는 순서를 확인한다.
  - 궤도선이 우주왕복선에서 우주로 여행하는 유일한 부분임을 알려준다.
- 확대한 우주 왕복선 발사 순서 카드를 활용해서 우주 왕복선을 궤도로 발사하는 순서 대로 배열하고, 발사의 각 단계를 말로 설명한다.

 ## 지도상 유의점

- 우주선 발사 순서 카드 뒷면에 숫자를 써서 발사 순서를 학생들 스스로 점검할 수 있게 한다.
- 학생들에게 우주 왕복선의 우주 비행 임무 중 하나가 발사 후에 하드웨어와 사람들을 국제 우주 정거장으로 이동시키는 것이라는 사실을 전달한다.

 ## 평가

- 발사 순서 카드를 순서대로 배열하는 것을 관찰한다.
- 우주 왕복선을 궤도로 발사하는 순서의 각 단계를 설명하게 한다.

 **심화학습**

- 종이에 우주선이 궤도로 진입하는 과정을 순서대로 그려보게 한다.
  - 필요한 경우에 우주선 구성요소의 이름을 쓰게 한다.
- 지도나 지구본을 이용해서 우주선 발사센터의 위치를 알려주고 스티커를 이용해 표시한다.
  - 왜 우주 왕복선 발사대가 바다와 가까운 곳에 위치해 있는지에 대한 생각을 하게 한다.
  - 안전을 위해 로켓 부스터가 바다로 떨어진다는 것을 이해한다.
- 지구본을 이용해 오비터가 지구 주위를 회전한다는 것을 보여준다.
  - 우주 왕복선 중에서 지구 주위를 회전하는 것은 오비터 부분임을 다시 확인한다.
  - 국제 우주 정거장도 지구 주위를 돈다.
  - 우주에서 오비터는 도킹, 즉 우주 정거장을 만나 보급품, 승무원 및 하드웨어를 전달한다.
- 우주 왕복선은 고체 및 액체 추진제 또는 연료를 모두 가지고 있다.
  - 고체 로켓 부스터에는 고체 추진제가, 외부 탱크에는 액체 추진제가 있다.
  - 고체와 액체의 차이점에 대해 토의하고, 학생들이 고체와 액체의 특성에 대한 목록을 각각 작성하도록 한 후에 작성한 목록을 비교한다.

<그림자료1> 우주 왕복선 구성도

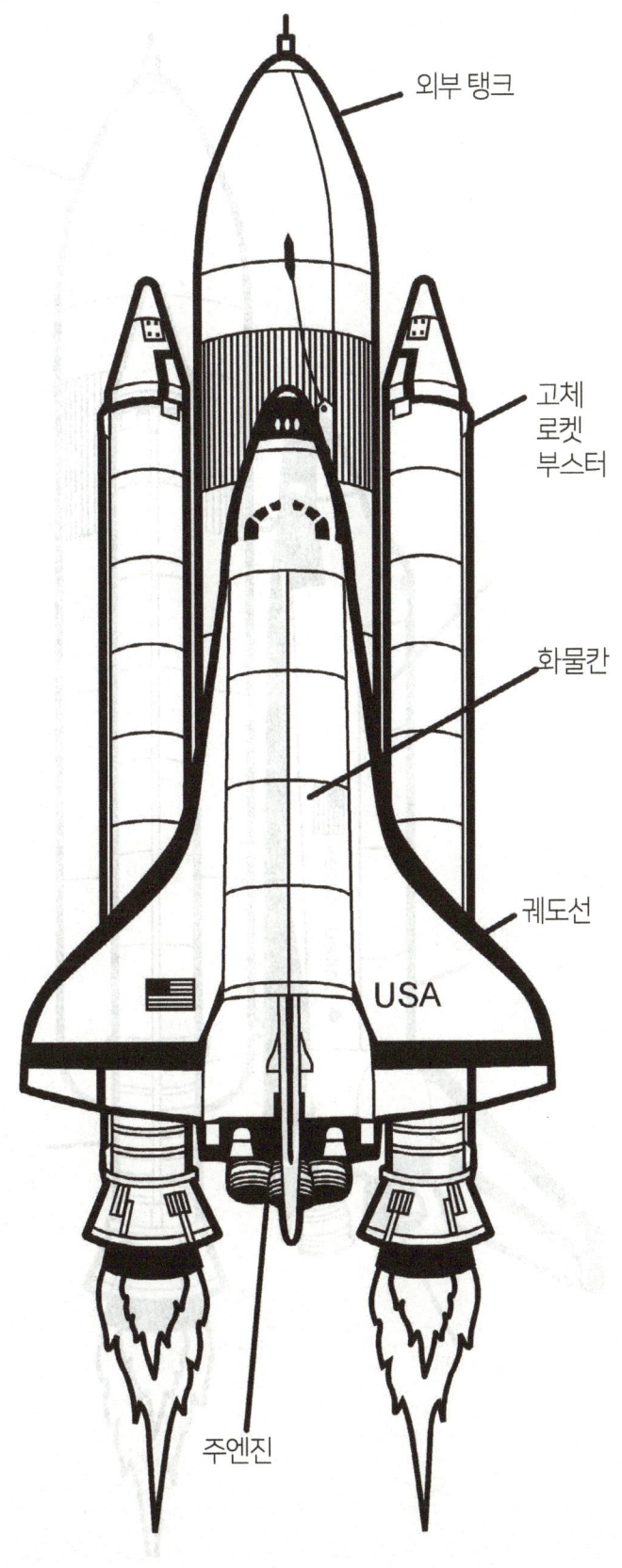

<그림자료2> 우주 왕복선 측면도

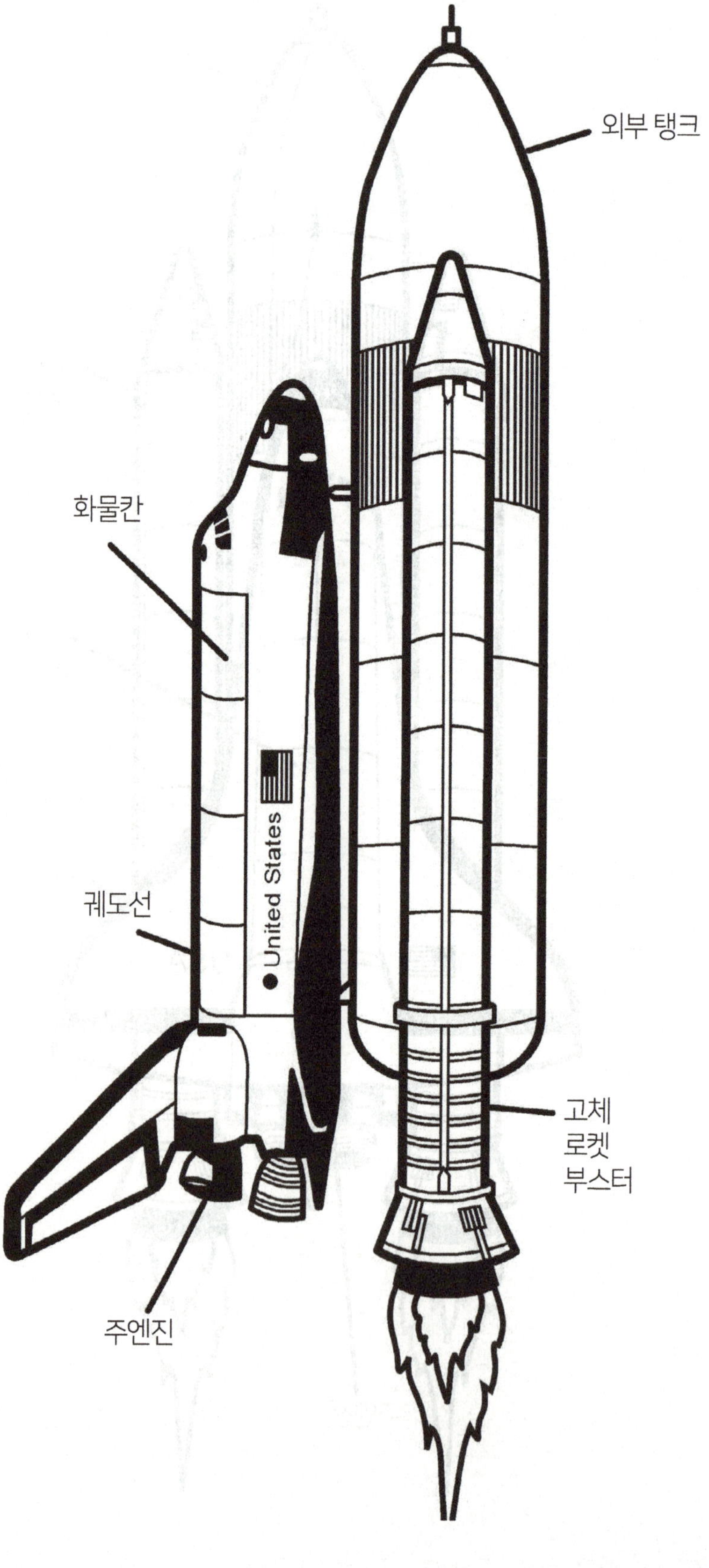
외부 탱크
화물칸
United States
궤도선
고체 로켓 부스터
주엔진

# <그림자료3> 우주 왕복선 구성요소

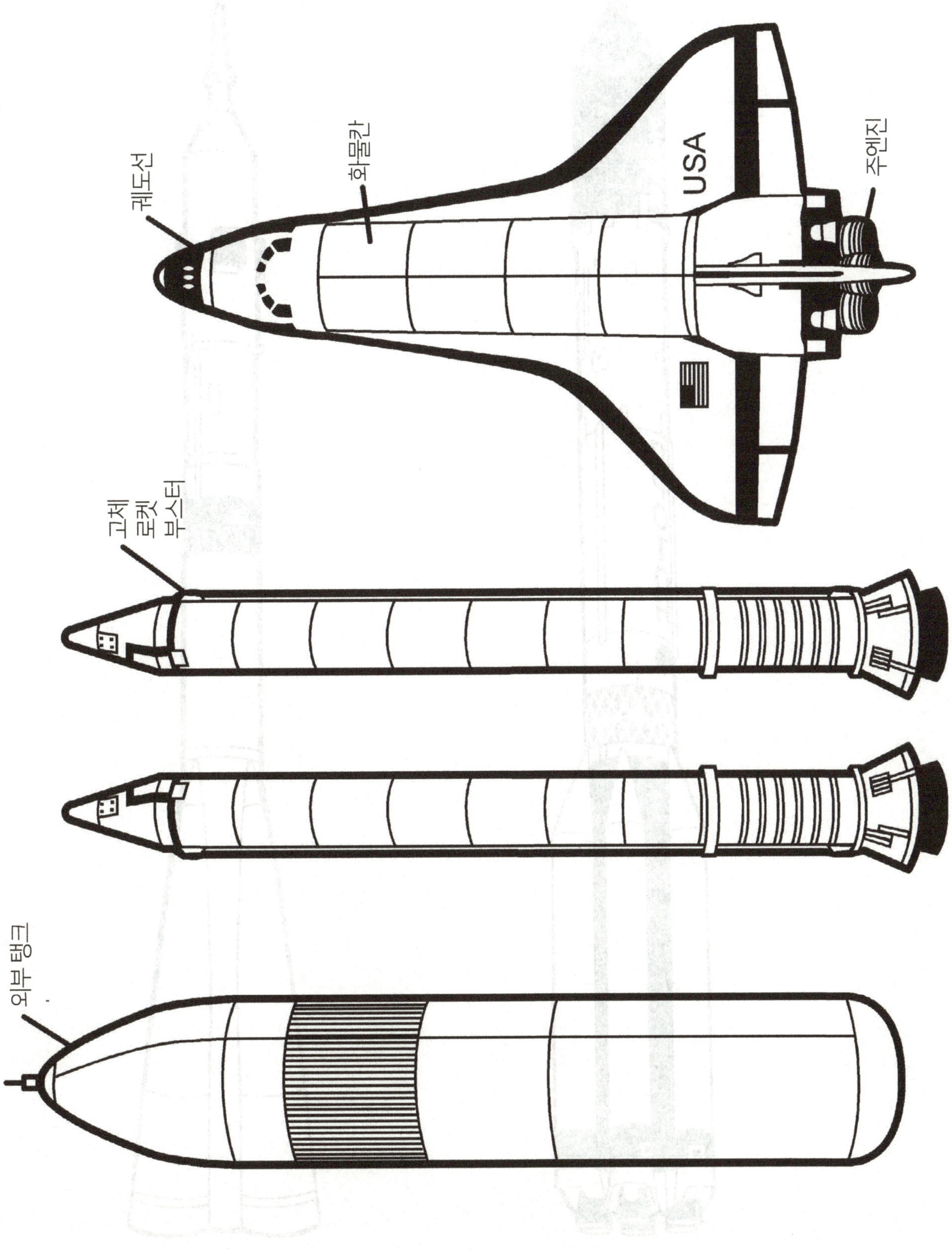

 <그림자료4> 프로톤 로켓, <그림자료5> 소유즈 로켓

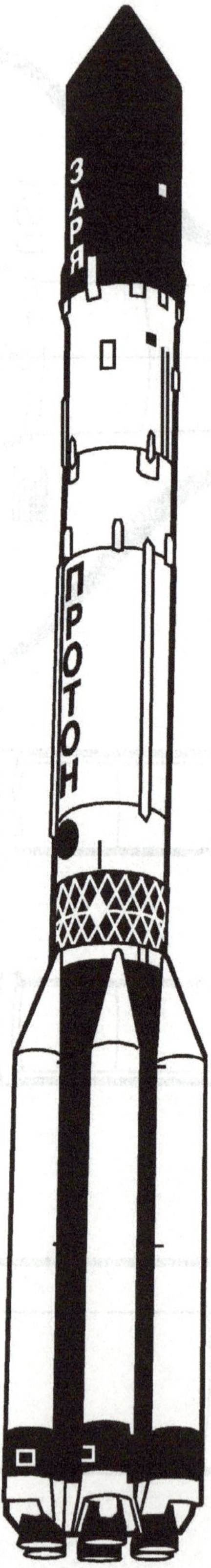

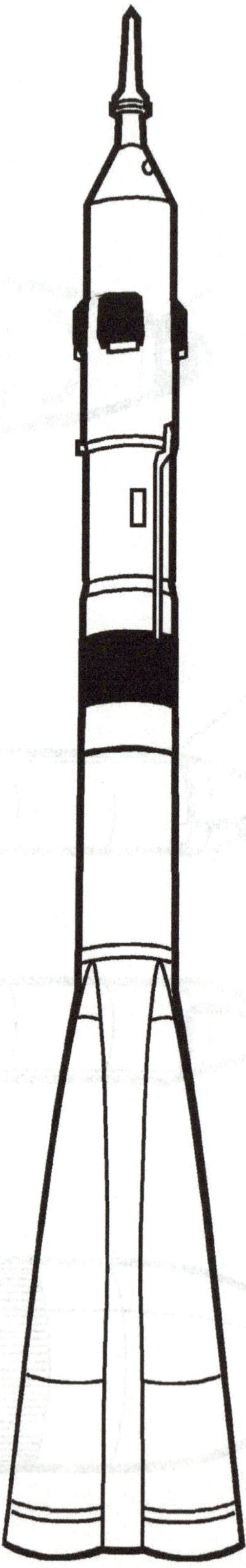

 **<그림자료3> 우주 왕복선 구성요소**

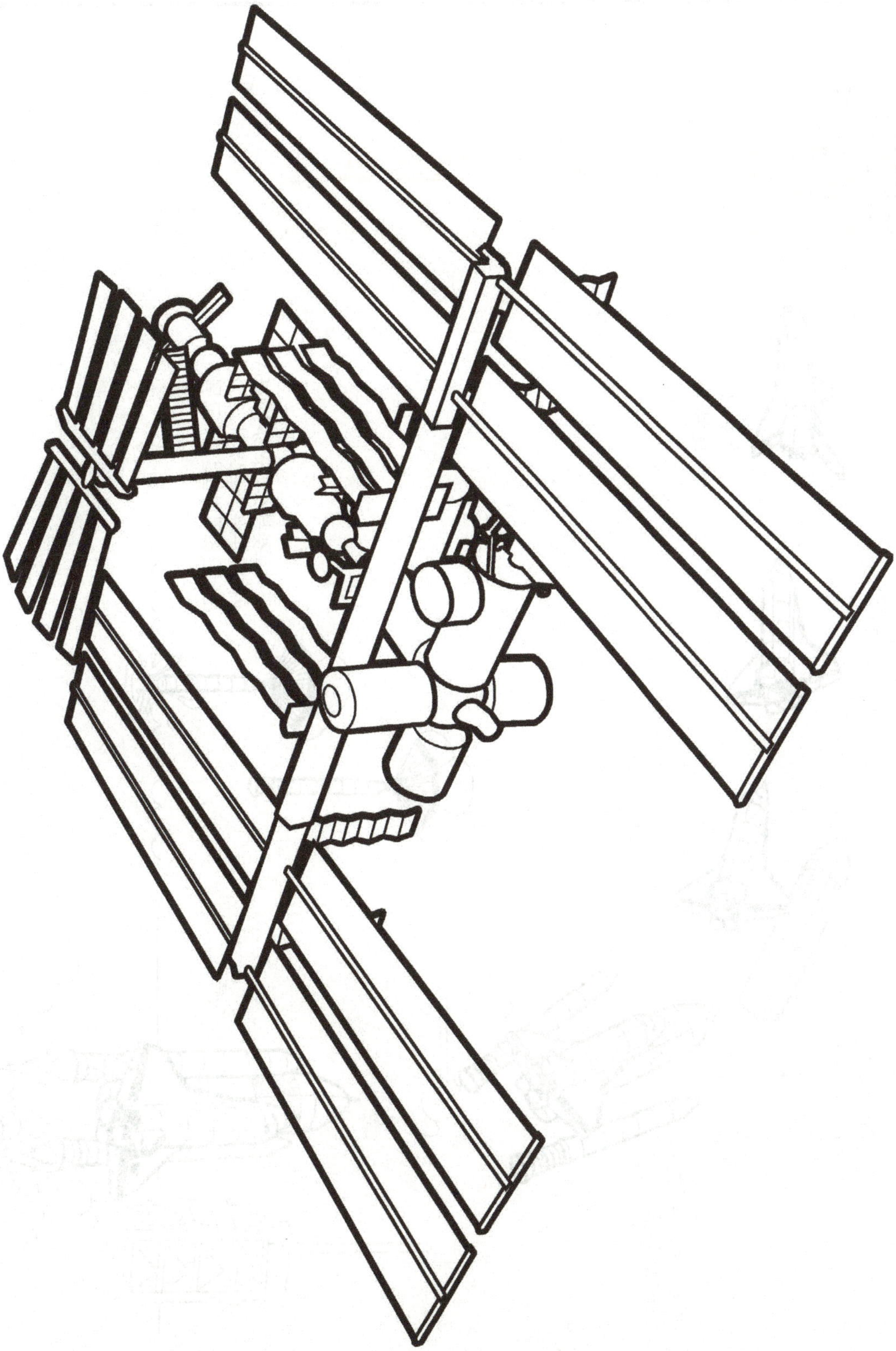

우주 왕복선

학년　　반
이름

도전 과제　우주 왕복선의 발사 과정을 알아보세요.

185~420km에서 운행되는 궤도

1궤도 조정 시스템 (OMS) 엔진 점화

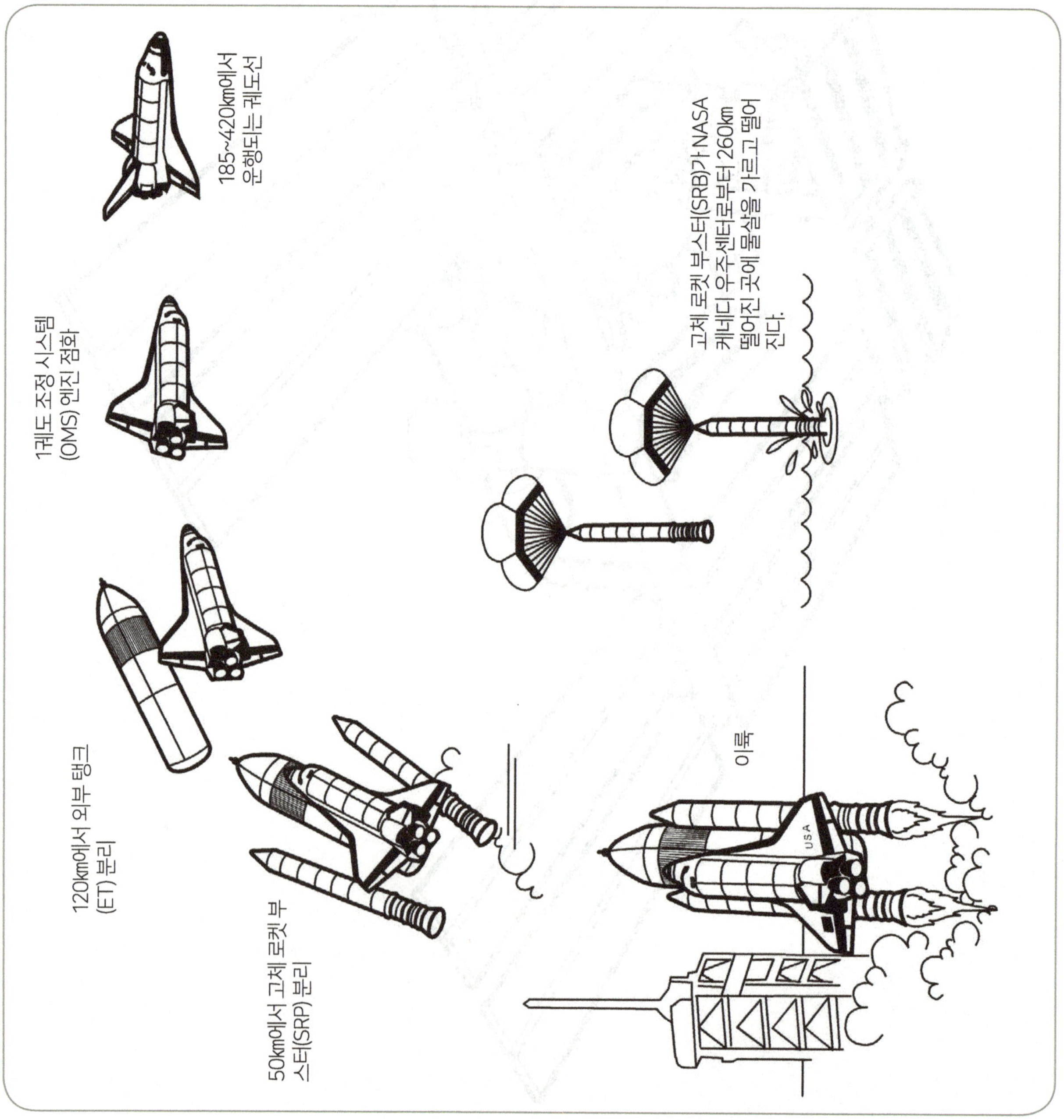

120km에서 외부 탱크 (ET) 분리

50km에서 고체 로켓 부스터(SRP) 분리

고체 로켓 부스터(SRB)가 NASA 케네디 우주센터로부터 260km 떨어진 곳에 물실을 가르고 떨어진다.

이륙

■ 우주선 발사 순서 카드

왕복선 감속 낙하산

우주 왕복선이 지구로 돌아올 때에는 대기권에 들어온 후 동력을 사용하지 않고 감속을 하여 땅을 활주하며 착륙한다. 이때 왕복선의 감속을 도와주는 것이 스피드 브레이크라는 특수 장치이다. 이것은 실제 브레이크가 아니라 우주선의 속도를 늦추도록 저항력을 높여 주는 장치이다. 즉 자동차의 문을 열고 달리는 것과 같이 저항을 크게 하여 속도가 빠르게 떨어지게 하는 것이다. 이 수업에서는 학생들이 왕복선 모형을 제작하여 감속 낙하산이 속도에 얼마나 영향을 주는지 실험한다.

 학습목표

왕복선 모형에서 감속 낙하산의 효과를 실험하고 속도 변화를 계산한다.

 **해당학년** : 5~6학년   **소요시간** : 80분

 이것이 필요해요

상자(소형 구두 상자 또는 깨끗한 2L 정도의 우유 상자), 둥근 풍선, 검정색 도화지 1장, 흰색 도화지 2장, 끈 또는 실, 손잡이가 달린 소형 비닐 쇼핑백 1개, 테이프, 가위, 스톱워치 또는 초침이 있는 시계, 미터 자

 이렇게 준비해요

- 상자는 비슷한 크기의 다른 상자로 대용할 수 있다.
- 미터 자를 대신하여 줄자를 사용할 수 있다.

 **핵심단어**

저항력 : 물체가 공기나 물 등과 같이 유체 속을 운동할 때, 그 유체의 상대적 흐름 때문에 받는 힘.
스피드 브레이크 : 우주선의 속도를 늦추는 저항력을 높여 주는 장치.
낙하산 : 로켓을 안전하게 회수할 수 있도록 로켓이 지구로 천천히 내려오게 하는 장치.
낙하산 줄 : 낙하산을 로켓의 원뿔형 기수에 연결하는 수단.

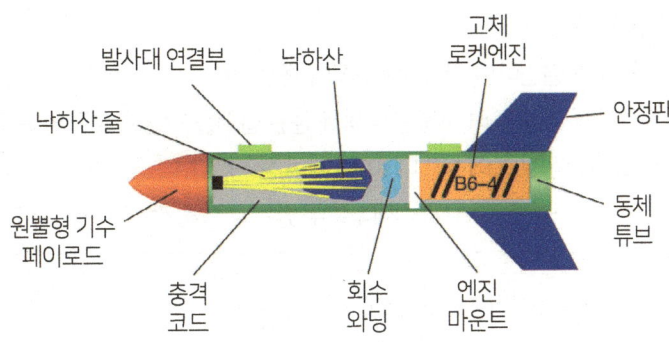

 활동 내용

1 미리 준비하기
- 학생을 3~5인을 1조로 나누어 수업을 준비한다.

2 도전과제 소개하기
- 왕복선의 속도를 늦출 때 저항력이 매우 중요한 역할을 한다는 것을 설명한다.
- 저항력을 높이는 법
 - 공기가 흐르는 공간을 늘리는 것 : 낙하산은 안쪽에 공기를 채우고 채워지는 공기와 반대 방향으로 당기기 때문에 물체의 속도를 늦춘다.

3 도전과제 실험하기
- 조별로 우주선 모형을 제작한다.
① 준비한 상자의 한 쪽 끝에 연필로 구멍을 낸다.
② 그림(a)와 같이 상자 안에 풍선을 넣고 구멍을 통해 열려 있는 쪽 끝을 당긴다. (이것이 왕복선의 뒤쪽이 됨)
③ 그림(b)와 같이 검정색 도화지를 사용해 왕복선의 원뿔형 기수를 만든다.

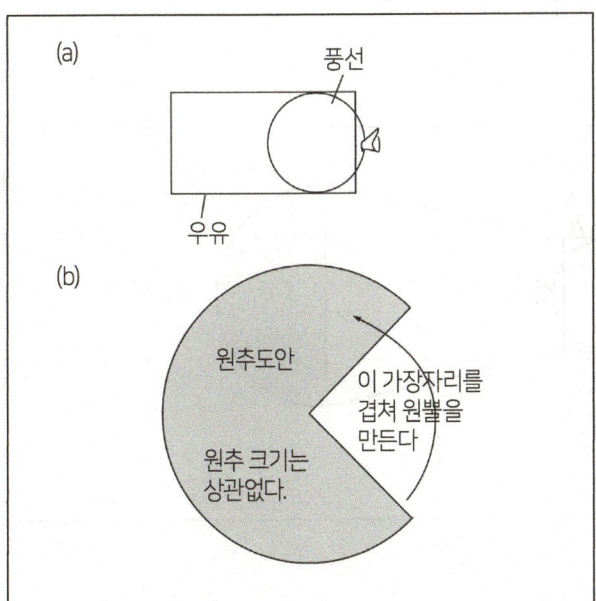
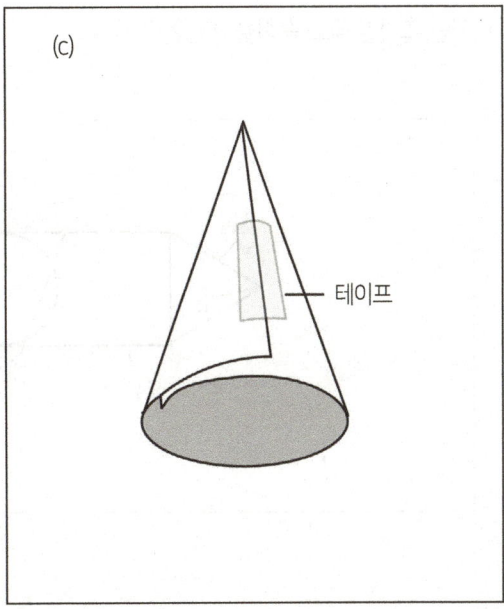

④ 그림(c)와 같이 원뿔을 만든다.
⑤ 이 원뿔을 상자 반대쪽 끝에 붙인다.(이것이 왕복선의 앞쪽이 됨)
⑥ 흰색 도화지에 큰 삼각형 두 개를 그려 왕복선 양쪽에 붙일 날개를 만들고 상자 양쪽 측면에 하나씩 붙인다. 이 때 삼각형의 큰 쪽 끝을 왕복선 뒤쪽에 붙인다. (아래 그림 참조)
⑦ 왕복선이 매끈한 타일 바닥 위를 3.05m 이상 지나갈 수 있는 부분을 찾는다.(복도나 교실 안의 탁 트인 공간)
⑧ 바닥에 테이프를 붙여 출발선을 만든다.
⑨ 책을 이용해 왕복선이 지나갈 경로가 직선이 되게 한다.
⑩ 풍선을 최대한 크게 분 다음 끝을 잡고 있는다.
⑪ 왕복선을 바닥의 출발선에 놓는다.
⑫ 풍선을 놓자마자 스톱워치를 누르거나 초침 있는 시계를 보고 왕복선이 이동한 시간을 기록한다.
⑬ 왕복선이 멈춘 위치를 표시하고 이동 거리를 잰다.

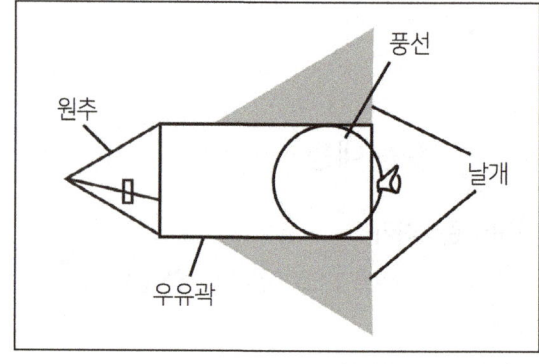

- 칠판에 다음 공식을 적는다.
  - 속력 (cm/초) = 거리 (cm) ÷ 시간 (초)
- 수를 적고 공식에 따라 속력을 계산하여 기록한다.
- 이 실험을 여러 번 반복한다.
  - 많은 변수에 의해 실험 결과가 달라질 수 있기 때문에 실험을 여러 번 실시한다는 것을 알려 준다.
  - 학생들과 브레인스토밍을 통해 결과를 바꿀 수 있는 다른 요인을 생각해 본다.(풍선의 크기 등)
- 학생들에게 낙하산을 달 것이라고 이야기 한다.
  - 낙하산이 어떤 작용을 합니까?
  - 예상 답) 저항력이 늘어나면 왕복선 속도가 느려질 것이다.
- 왕복선 뒤쪽에 낙하산을 달고 실험을 반복한다.
  - 아래 그림과 같이 로켓 뒤쪽에 끈이나 실을 이용해 소형 비닐 쇼핑백을 단다.
- 매번 결과를 적고 속력을 계산한다.

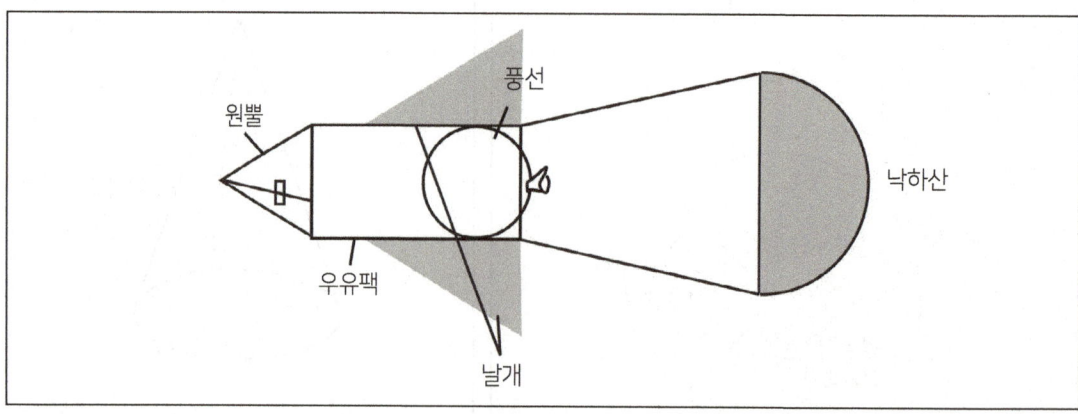

4 실험결과 토의하기

- 낙하산을 달았을 때와 달지 않았을 때의 왕복선 속력을 비교한다.
 - 조별로 실험 결과를 발표한다.
 - 발표한 결과를 보고 낙하산을 달았을 때 속력이 달라졌는지 질문한다.
 - 스피드 브레이크가 왕복선 속도를 어떻게 늦추는지 토의한다.

 ## 지도상 유의점

- 이 수업은 그룹 조별활동에 맞게 구성된 내용이다.
- 저학년에서 실시할 경우에는 교사가 모형을 제작하여 활동을 시연하는 것이 좋다.
- 왕복선의 속도가 시속 343km로 줄어들면 감속 낙하산이 작동되어 감속 속도가 훨씬 더 빨라진다.

 ## 심화학습

- 학생들에게 왕복선 모형에 사용할 스피드 브레이크를 그리게 한다.
- 학생들이 그린 것을 실험해 본다.
- 결과를 기록하고 스피드 브레이크와 낙하산을 달았을 때의 속력을 계산한다.
- 학생들과 결과를 토의한다.

왕복선 감속 낙하산

학년   반
이름

도전과제 우주 왕복선이 무사히 지구에 착륙할 수 있도록 우주선의 속도를 줄여보세요.

생각해요

* 우주선의 속도를 늦출 때 (   )이 매우 중요한 역할을 한다.
* 저항력을 높이는 가장 좋은 방법은 공기가 흐르는 공간을 (넓히는, 좁히는) 것이다.

 활동 결과

* 실험결과를 적어 보세요.

구 분		속력 = 거리 / 시간			
		실험1	실험2	실험3	평균속도 (실험1+실험2+실험3)/3
우주 왕복선	거리(cm)				
	시간(초)				
	속도(cm/초)				
낙하산을 단 우주 왕복선	거리(cm)				
	시간(초)				
	속도(cm/초)				

배경 지식 (교사용)

착륙

우주 왕복선도 제트기처럼 착륙할 수 있을까? 우주 왕복선은 지구 대기로 들어오면 동력을 사용하지 않고 엔진 없는 비행기처럼 비행한다.

왕복선은 활주하며 착륙한다. 왕복선이 착륙할 때 조종사는 x축, y축, z축 회전을 제어하는 비행 조종 장치를 사용하여 왕복선을 잘 제어할 수 있다. 80,739.44kg인 왕복선의 속도를 늦출 때 비행사가 사용하는 특수 제동 장치가 스피드 브레이크이다. 이것은 저항력을 증가시켜 왕복선 속력을 쉽게 늦출 수 있다. 저항력이란 우리가 달리는 자동차 안에서 창 밖으로 손을 내밀면 느낄 수 있는 공기의 저항을 말한다.

왕복선 속도가 줄어들 때 감속 낙하산을 펼치면 속도가 훨씬 더 많이 줄게 되어 천천히 가다가 멈춘다.

동력이 없는 왕복선은 선회하여 다시 착륙을 시도할 수 없기 때문에 조종사는 단 한 번에 착륙해야 한다. NASA 왕복선 착륙 공간은 넓어야 하기 때문에 활주로를 아주 길게 만들었다.

왕복선이 귀환할 때 날씨가 큰 역할을 한다. 비가 내리면 왕복선이 착륙할 수 없다.

비가 오면 왕복선이 지구로 돌아올 때 외피타일을 보호하는 코팅이 벗겨져 착륙을 할 수 없게 된다. 지구로 돌아올 때 외피 타일 밑으로 물이 들어갈 경우 문제가 생길 수 있다.

우주 왕복선을 착륙시킬 때 조종사들에게 특수한 문제가 생긴다.

이들의 신체가 중력에 적응할 시간이 없었기 때문에 머리가 어지럽고 몸이 매우 무겁게 느껴진다. 조종사들은 이런 느낌 때문에 왕복선을 안전하게 착륙시킬 때 애를 써야 한다.

우주 비행사의 임무

우주 비행사의 임무는 조별 조사 활동이다. 3~4명으로 이루어진 조별로 우주 비행사 생활의 여섯 가지 다른 면에 대해 조사한다. 조사 주제는 우주 비행사 훈련, 우주로 가기, 우주에서 작업하기, 우주에서 생활하기, 우주에서 지구로 돌아오기 그리고 국제 우주 정거장에서의 생활이다. 조사를 마친 후에 보고서를 작성한다.

 학습목표

여러 가지 자료를 활용하여 우주 비행사에 대한 주제를 조사 발표한다.

 해당학년 : 5~6학년   **소요시간 :** 80분

 이것이 필요해요

주제에 관련된 책, 인터넷 연결이 가능한 컴퓨터, 종이, 필기도구 및 채색용구

 **활동 내용**

1 도전과제 소개하기
- "우주 비행사의 임무"와 여섯 개의 주제를 칠판에 적는다.
  - 우주 비행사 훈련, 우주로 가기, 우주에서 작업하기, 우주에서 생활하기, 우주에서 지구로 돌아오기, 국제 우주 정거장
- 조별로 각각의 주제를 조사하게 될 것이라고 설명한다.

2 주제 선택하기
- 학생들을 조별로 나누고 조장과 기록하는 사람을 정한다.
- 조별로 상의하여 1,2,3 순위 주제를 정한다.
  - 조별로 상의하는 동안 작은 종이에 1~6의 번호를 쓴다.
  - 종이를 접어 통에 넣는다.
  - 각 조의 조장이 통에서 종이를 하나씩 뽑는다.

- 뽑은 번호의 순서대로 주제를 선택할 순서를 정한다.
- 각 조별로 주제를 선택한다.
• 여섯 주제로 나누어진 책을 만들 것임을 설명한다.
- 각 보고서의 첫 페이지는 조사내용을 정리·요약하여 적는다.
- 보고서는 컴퓨터를 이용할 수도 있고 직접 손으로 써도 좋다.
- 조원들이 부분을 나누어서 보고서를 작성한다.(학생별로 최소 한 페이지 이상을 작성하도록 한다.)
- 컴퓨터에서 인쇄한 그림을 이용할 수도 있지만 학생들이 스스로 꾸미도록 유도한다.

③ 보고서 작성하기
• 제본의 방향을 위쪽에서 할지 왼쪽에서 할지 결정한다.
- 각 페이지 왼쪽이나 상단에는 2cm여백을 남겨 구멍을 뚫어 제본하는데 사용한다.
• '우주 비행사의 임무에 대한 연구를 위한 안내'을 나누어 준다.
- 모든 제안을 조사할 필요가 없고 다만 예시 지침임을 설명한다.
- 보고서를 쓸 때 각 조에 성인 지원자가 보고서 작성을 도와줄 수도 있다.
• 보고서를 작성한 후 각 조원은 보고서에서 그림을 그릴 부분을 선택한다.
- 예를 들어 훈련 그룹의 학생은 무중력 환경 훈련 시설에서 훈련 중인 우주 비행사를 그리는 것을 선택할 수 있고 생활 그룹의 학생은 저녁을 먹는 우주 비행사를 보여 줄 수 있다.
- 각 그림에 대한 간략한 설명을 적는다.

④ 주제 발표하기
• 보고서가 완성되면 각 조별로 발표한다.
- 각 조장이 보고서의 내용을 읽는다.
- 각 조원은 자신의 그림을 보여주고 그림의 설명을 읽고 필요한 경우 추가 정보를 제공할 수도 있다.
  제본하기 전에 몇 주 동안 게시판에 모든 페이지를 전시한다.
- 학생들에게 책 표지를 디자인하고 그리게 한다.

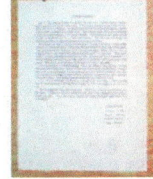    

 **지도상 유의점**

• 조원들간에 역할분담과 협동학습이 잘 이루어지도록 한다.
• 주제 선택을 미리하고 가정에서 충분한 자료를 수집해 오게 할 수 있다.

우주비행사의 임무

학년　　반
이름

 우주 비행사의 임무에 대해 다음과 같은 내용을 조사하여 발표합시다.

우주 비행사의 임무에 대한 연구를 위한 안내

① 우주 비행사 훈련
- 우주 비행사에 대한 경력 요건(교육)
- 이론 공부
- 구토, 두통, 현기증, 불안감에 대한 훈련
- T-34 및 T-38 비행 학습
- 무중력 환경 훈련 시설에서의 훈련
- 궤도선 시뮬레이터에서의 훈련
- 로봇 팔 이용 훈련
- 비상 탈출 훈련
- 멀고 험한 환경에서의 생존 훈련

② 우주로 가기
- 우주선 조립 빌딩
- 발사대로 가는 무한 궤도차 탑승
- 발사대에 왕복선 위치 시키기
- 카운트다운 (발사 4일전 시작)
- 발사 당일 우주 비행사 준비 완료
- 발사
- 우주 관제소
- 고체 로켓 부스터 분리 및 회수
- 외부 탱크 분리
- 발사 도중의 우주 비행사 경험
- 궤도 진입

③ 우주에서 작업하기
- 지구 사진 촬영
- 로봇 팔 조작
- 궤도에서 위성 올리기
- 위성 수리
- 우주 유영 실시
- 실험 실시
- 우주 관제소와 통신
- ISS 만들기

④ 우주에서 생활하기
- 식사
- 취침 및 기상 호출
- 운동
- 개인 위생
- 의류
- 자유 시간

⑤ 우주에서 지구로 돌아오기
- 궤도선 준비
- 착륙 준비
- 대기 재진입
- 착륙
- 비상 착륙
- 궤도선 처리 시설
- 우주 비행사 건강 진단 임무 보고

⑥ 국제 우주정거장(ISS)에서의 생활
- ISS 유지 관리
- 실험
- 사진 촬영
- 통신-우주 관제소, 가족, 친구, 학교 그룹
- 화물 내리기
- 우주 유영
- 로봇 텍스터
- 운동
- 개인시간

4. 그림으로 보는 로켓의 역사

　오늘날의 거대한 우주 로켓은 2,000여 년에 걸친 발명, 실험 및 발견의 결과물이다. 관찰과 그로 얻은 영감에서 시작하여 다음에는 체계적인 연구를 통해 현대 로켓공학의 토대가 세워졌다. 인간이 우주로 나가 달 위를 걷기에 이르렀다. 조만간 달로 가서 영구 기지를 세우고 그 후에는 화성과 그 너머까지 진출할 것이다.

 증기, 불꽃, 폭발 그리고 비행

아르키타스, 428~347 B.C

그리스의 철학자이자, 수학자이자, 천문학자였던 아르키타스는 증기나 압축 공기 분출로 추진되는 작은 새 모양의 장치를 만들어 쏘아 올렸다고 한다. 아마도 이 '새' 모양 장치를 철사에 매달거나 일종의 추축 주위를 회전하는 막대 끝에 달았을 것이다. 이것이 로켓 추진력을 이용한 최초의 장치라고 한다.

헤로 엔진, B.C. 10 ~ 70

알렉산드리아의 헤로가 발명한 증기 엔진은 로켓은 아니지만 로켓(및 제트) 추진의 기본 원리가 사용되었다. 헤로 엔진의 정확한 모양은 알 수 없으나 밑에서 불로 가열하는 일종의 구리 용기로 구성되었다.

용기에 담긴 물이 증기로 변해 두 개의 관을 타고 속이 비어 있는 구체로 들어가면 구체가 자유롭게 회전했다. 구체에 연결된 L자형 관 두 개를 통해 증기가 가스로 분출되었다. 이 구체는 분출과 반대 방향으로 빨리 회전했다. 헤로 엔진은 재미있는 장난감처럼 보였지만 그 잠재력은 수천 년 후에 실현되었다.

중국 불화살, A.D. 1232

화약의 기원은 분명치 않으나 전하는 바에 의하면 중국에는 A.D. 1세기에 기본적인 형태의 로켓이 있었다고 한다. 초석, 황, 목탄 분진 혼합물을 점화하면 화려한 불꽃과 연기가 만들어졌다. 화약은 폭죽을 만들 때 사용되었다.

대나무와 가죽으로 만든 관의 한쪽 끝을 막고 화약을 넣었다. 화약 넣는 방식과 개구부 크기에 따라 점화 시 발생하는 불꽃 모양과 폭발음이 달라졌다. 열린 쪽 끝에서 나오는 가스로 생긴 추력 때문에 어떤 폭죽은 사방으로 질주했을 것이다. 이렇게 로켓이 탄생했다. 1232년 카이펑 전투에서 이 원시 로켓을 화살에 달아 몽골 침입자들을 쫓아내는데 사용했다.

로저 베이컨, 1214 ~ 1294

수도승이었던 베이컨은 자신의 책 The Epistola Fratris R.Baconis, de secretis operibus artis et naturase et nullitate magiae에서 화약에 관해 다음과 같이 썼다."초석과 기타 물질을 가지고 먼 거리까지 발사할 수 있는 불을 인위적으로 만들 수 있다…이 물질을 극히 소량만 사용해도 큰 빛이 만들어져 끔찍한 소동이 벌어질 수 있다. 이것으로 도시 하나와 군대를 파괴할 수 있다…"
베이컨은 혼합물의 힘을 크게 높일 수 있는 화약 제조법을 개발했다고 한다.

완후, 16세기

전설에 따르면 명조 중엽에 살았으며 중국 점성가이자 지역 관리인이었던 완후는 우주비행을 꿈꿨다고 한다. 그는 의자를 만들어 바닥에 47개의 화약로켓을 달았다. 다른 이야기에서는 의자에 연도 달았다. 발사하는 날에 47명의 보조자가 동시에 모든 로켓의 도화선에 불을 붙였다. 커다란 폭발이 있었다. 연기가 걷히자 완후는 보이지 않았다. 어떤 사람들은 완후가 실제로 우주로 갔으며 그가 "달에 있는 사람"으로 보인다고 한다. 실제로 어떻게 되었는지 모르지만 로켓을 이용해 우주로 나간다는 완후의 생각은 옳았다.

전쟁에 사용된 로켓

이후 수세기 동안 로켓은 전쟁 무기로서 대포와 경합을 벌였다. 각각의 기술 발전에 따라 둘 중 하나가 선택되거나 외면당했다. 대포는 정확성이 더 좋았다. 로켓은 더 빨리 발사할 수 있었다. 후장식 대포의 발사 속도가 향상되었다. 로켓 안정판으로 정확성이 향상되었다. 대포의 사정 범위가 넓어졌다. 로켓의 사정 범위도 넓어졌다. 이런 식으로 많은 발명이 이루어졌다. 이탈리아의 요아네스 데폰타나(1420)가 발명한 물위를 달리는 로켓 어뢰는 적선에 불을 지르는데 사용된 것 같다.

Kazimierz Siemienowicz, 1600 ~ 1651

폴란드 왕립 포병 연대 사령관이던 Kazimierz Siemienowicz는 대포와 로켓 분야 전문가였다. 그는 로켓에 관한 글을 썼는데 그 일부가 사후에 발표되었다. Artis Magnae Artilleriae pars prima에서 그는 다단 로켓 도안을 발표했는데 이것은 우주로 발사될 로켓의 기본 기술이 되었다.
Siemienowicz는 군사 로켓 발사용 배터리와 현재 군사 로켓에 사용되는 유도 막대를 대신하는 삼각 안정 장치도 제안했다. 전하는 바에 의하면 Siemienowicz는 자신들의 비법 공개에 반대하는 길드 조직에 의해 살해되었으며 Siemienowicz의 나머지 원고를 이들이 숨겼거나 파기했다고 한다.

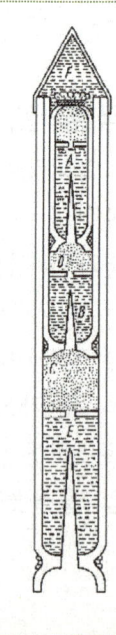

로켓 과학의 탄생

갈릴레오 갈릴레이, 1564 ~ 1642

이 이탈리아 천문학자요 수학자는, 자신의 다른 많은 업적과 더불어, 과학적 실험 정신에 다시 불을 지폈고 질량과 중력에 관한 오랜 믿음에 이의를 제기했다. 그는 움직이는 물체는 힘이 계속 가해지지 않아도 계속 움직인다는 것을 증명했다. 그는 이것을 속도 변화에 저항하는 물질의 특성인 "관성"이라고 불렀다. 관성은 훗날 아이작 뉴턴이 자신의 운동 법칙에 통합하게 될 기본 특성 중 하나이다.

뉴턴의 운동 법칙, 1642 ~ 1727

영국 과학자인 아이작 뉴턴 경은 모든 로켓 과학을 세 가지 명쾌한 과학 법칙으로 요약했다. Philosophiae Naturalis PrincipiaMathematica에 발표된 그의 법칙은 초기 로켓 설계자들이 직관적으로 알았던 것으로서, 현대의 모든 로켓 과학의 토대가 되었다. ("로켓 원리" 장에서 이 법칙들을 집중적으로 다루며 "실용 로켓공학" 장에서는 이 법칙들을 실제로 적용해본다.)

윌리엄 콩그리브 대령, 1772 ~ 1828

영국이 인도의 티푸 술탄(Tippoo Sultaun) 군대로부터 엄청난 로켓 공격을 받은 이후 윌리엄 콩그리브는 영국 군대 로켓 회사를 맡게 되었다. 그의 설계 일부는 사정 범위가 5.4km에 이르렀다. 그는 기병총 탄환을 적군에 퍼붓는 산탄 로켓과 적선과 건물을 태우는 소이 로켓을 만들었다. 그는 함선에서 발사하는 로켓을 발명했다. 1812년 전투에서 프랜시스 스콧 키가 만든 구절 "붉게 번쩍이는 로켓의 섬광으로"는 영국군이 발사한 콩그리브 로켓을 일컫는 것이었다.

쥘 베른, 1828 ~ 1905

우주 여행의 꿈은 프랑스 공상 과학 작가인 쥘 베른에 의해 실현되었다. 그의 De la Terre a la Lune에서 베른은 거대한 대포를 사용해 달에 유인 발사체를 쏘아 올렸다. 이 발사체는 로켓은 아니지만 미래의 아폴로 달 프로그램과 몇 가지 유사점이 있었다. 이것은 콜럼비아드라고 불렸으며 승무원 세 명이 탑승했다.

이것은 플로리다에서 달로 발사되었다. 아폴로11호 캡슐의 이름이 콜롬비아였으며 승무원 세 명이 탑승했고 플로리다에서 발사되었다. 베른은 승무원들이 운항 시 느끼는 "무중력감"에 대해 정확히 묘사했다. 물론 대포 발사 시 최초 가속도를 견딜 수 있는 승무원은 없었을 것이다. 그렇지만 초기 우주 탐험 공상가였던 베른은 미래의 로켓 설계가와 우주 비행사들의 상상에 불을 지폈다.

현대 로켓 선구자들

콘스탄틴 E. 치올코프스키, 1857 ~ 1935

콘슨탄틴 치올코프스키는 교사이자 신학자였고, 우주항행학의 선구자였다. 러시아로 이주한 폴란드 임학자의 아들이었던 그는 인간의 우주 여행에 관한 글을 쓰고 가르쳤으며 우주비행학과 유인 우주 비행의 아버지로 여겨진다.

치올코프스키는 액체 추진제 로켓 엔진, 궤도 우주 정거장, 태양에너지, 태양계 식민지화를 주창했다. 그의 가장 유명한 논문인 "로켓의 힘을 이용한 행성간 우주 연구"는 라이트 형제가 동력 제어 비행기를 날렸던 1903년에 발표되었다.

뉴턴의 제2운동법칙을 기초로 하는 그의 로켓 등식은 로켓 엔진 배기 속도와 로켓 자체의 속도 변화의 관계를 설명한다.

로버트 H. 고다드, 1882 ~ 1945

미국 대학 교수이자 과학자인 로버트 고다드는 1926년 3월 16일에 세계 최초의 액체 추진제 로켓을 만들어 발사했다.

대단하지는 않았지만(겨우 12.5미터 상승), 이 발사는 43년 후 새턴 V호 달 로켓의 시초가 되었다. 지역민들의 요청에 따라 고다드는 실험 장소를 매사추세츠 주 오번에서 뉴멕시코 주 로즈웰 근방 사막으로 옮겼다. 그곳에서 그는 실험을 계속하면서 비행 중 로켓을 제어하는 자이로스코프 시스템, 낙하산 회수 시스템을 개발했다. 그를 종종 "현대 로켓의 아버지"라고 부른다.

헤르만 오베르트, 1894 ~ 1989

루마니아 태생의 독일 귀화 시민이었던 헤르만 오베르트는 쥘 베른의 작품에 매료된 후 일생을 우주 여행을 추진하는 일에 바쳤다. 지나치게 사변적이라는 이유로 거절당했던 그의 하이델베르크 대학 학위 논문은 그의 책 Die Rakete zu den Planetanraumen(로켓 타고 우주로)의 기초가 되었다. 이 책은 우주비행의 수학을 설명하고 실제적인 로켓 설계와 우주 정거장을 제안한다. 이 책과 그 외 책들은 로켓 공학자들에게 영감을 주었다. V2 로켓의 개발을 이끈 독일의 Verein fur Raumschiffart(우주 여행 학회)를 비롯한 로켓 학회가 전 세계에서 생겨났다.

20세기 초의 로켓 실험가

1920년대, 1930년대, 2차 세계 대전 전까지 전세계아마추어 로켓 설계자와 과학자들이 비행기, 경주용자동차, 보트, 날개 달린 자전거, 침몰하는 배에서 선원을 구조할 때 사용되는 스로우 라인, 섬 지역 우편 배달 차량, 그리고 그 외 상상할 수 있는 모든 것에 로켓 사용을 시도하였다. 실패도 많았지만 실험가들은 경험을 통해 더욱 강력하고 안정적인 로켓을 만드는 방법을 알게 되었다.

2차 세계 대전

비행 폭탄

전쟁에서 필요한 것들 때문에 항공학과 로켓공학 기술이 크게 발전했다. 순식간에 로켓은 신기한 물건과 공상적인 비행 기계에서 정교한 파괴 무기로 변했다. 폭탄을 실은 독일 전투기와 일본 가미카제 조종사들은 로켓으로 적선에 돌격했다. 전쟁의 양상은 완전히 달라졌다.

보복 병기 V2

1930년대 말 독일 Verein fur Raumschiffart(우주 여행학회)는 한 팀이 되어 당시 최첨단 로켓이던 V2를 만들어 발사했다. 이 팀은 발트해 연안에서 베르너 폰 브라운의 지휘 하에 알코올과 액체산소로 움직이는 로켓을 만들었다. 사정 범위가 320킬로미터이고 최대 고도가 88킬로미터인 V2는 경고도 없이 런던의 심장부에 1톤 폭탄을 투하할 수 있었다. 수천 개의 V2가 제작되었으나 전쟁 결과에 영향을 미치기에는 너무 늦은 후였다.

 ## 우주 시대의 시작

범퍼 프로젝트

유럽에서 전쟁이 끝나고 포획된 화물차 300대 분량의 V2로켓과 부품이 미국으로 보내졌다. 이때 주요 설계자 대부분이 함께 갔는데 이들은 미국 군대에 투항하기로 결심했던 사람들이었다. V2는 대륙간 탄도미사일 개발 프로그램의 토대가 되었고 곧바로 유인 우주 프로그램으로 이어졌다. 포획된 V2 로켓 하나를 WAC 코퍼럴 로켓(여군의 이름을 딴 것) 위에 얹어 1948년 5월 13일에 최초의 "범퍼 WAC"를 발사했다. 현재까지 미국에서 발사된 것들 중 최대 크기인 이 2단 로켓은, 여섯 차례의 비행에서 고도 400킬로미터 가까이 도달했다.

세계 최초의 인공위성

2차 세계 대전이 끝나고 미국과 소련은 우주 경쟁을 시작했다. 1회전은 1957년 10월 4일에 스푸트니크 I호 위성을 발사한 소련이 이겼다. 이 위성의 모양은 안테나가 네 개 달린 구체였다. 무게는 83.6킬로그램이었다. 두 달 후에 508.3킬로그램의 스푸트니크 II호가 살아있는 승객을 태우고 우주에 도달했다. 라이카라는 작은 개가 몇 시간 동안 지구 궤도를 돌았다. 비록 우주에서 죽었지만, 이 개는 모든 인간에게 우주로 가는 길을 만들어 주었다.

익스플로러 1호

미국은 1958년 1월 31일 익스플로러 1호 발사에 성공하면서 위성 발사 사업에 들어갔다. 이 위성은 주피터 C 부스터를 개조한 주노 1호에 실려 발사되었다. 스푸트니크보다 훨씬 작았지만, 13.93킬로그램 밖에 안 되는 익스플로러 1호의 가이거 카운터는 우주 환경에서 중요한 부분을 발견했다. 익스플로러 1호는 지구 주위에서 밴앨런대라고 하는 것을 찾아냈다.

X-15

1959년과 1968년 사이에 X-15호 실험용 항공기가 우주 가장자리까지 비행했다. 199회의 비행을 하면서 이 공기 발사 로켓 비행기는 속도(7,274km/h)와 고도(108km)를 포함해 많은 비행 기록을 세웠다. 시험 비행을 통해 우주에서의 고도 제어 및 재진입 각도 등의 중요한 매개변수가 정립되었다. 달에 발을 디딘 최초의 미국인인 닐 암스트롱은 열 두 명의 X-15호 조종사 중 한 명이었다.

궤도에 오른 유리 가가린

1961년 4월 12일에 우주 비행사 유리 가가린을 태운 보스톡 1호가 발사되면서 우주가 인간의 영역이 되었다. 그의 우주 비행 시간은 1시간 48분이었다. 이 시간 동안 가가린은 보스톡 1호 우주 캡슐을 타고 지구 궤도를 돌면서 315킬로미터의 최대 고도에 도달했다. 재돌입 시 가가린은 6,100미터 고도에서 캡슐에서 나와 낙하산을 타고 지상으로 안전하게 내려왔다.

프리덤 7호

1961년 5월 5일에 미국 우주 비행사 앨런 셰퍼드 주니어는 레드스톤 로켓에 얹혀진 프리덤 7호 머큐리 우주 캡슐을 타고 플로리다 주 케이프 커내버럴에서 발사되었다. 이 로켓은 우주선을 궤도로 보낼 동력이 부족했지만 셰퍼드는 준궤도 비행으로 187킬로미터에 도달했으며 그의 캡슐은 15분 22초 만에 지구로 돌아와 바다에 착수했다.

달 로켓

앨런 셰퍼드의 비행 며칠 후에 존 F. 케네디 대통령은 양원 합동 회의 연설에서 60년대가 끝나기 전까지 미국인을 달로 보내 안전하게 돌아오게 할 것이라고 말했다. 상당히 놀라운 발표였지만 이 임무 달성을 위한 몇 가지 단계는 이미 추진되고 있었다.

NASA는 달 왕복 비행이 가능한 로켓의 구성요소에 대한 연구를 시작한 상태였다. 그 다음 해에 이 로켓은 새턴 V호로 명명되었다. 이 로켓은 길이가 110.6미터(363피트)로 이전 로켓에 비하면 상당히 작았다. 새턴 V호는 3단계로 구성되어 있는데, 왕복 비행용 소형 추진 장치와 2단계의 달 착륙선으로 구성되었다.

지구 궤도에 오른 글렌

1962년 2월 20일 좀더 강력한 미사일에 실은 아틀라스 우주 비행사존 H. 글렌 주니어는 궤도에 오른 최초의 미국인이 되었다. 글렌의 비행으로 소련과의 경쟁에서 균형이 이루어졌다. 글렌은 지구 궤도에 세 번 올라 우주에서 총 4시간 55분 머물렀다. 센서 스위치 때문에 조기에 귀환하게 되었다. 이 센서는 머큐리 캡슐 열 차폐물이 떨어져 나갔다고 표시했으나 나중에 확인해 본 결과 비행 시 단단히 붙어 있던 것으로 밝혀졌다. 센서가 오작동한 것이다. 여섯 차례의 머큐리 비행 중 마지막 비행은 1963년 5월 15일에 있었다. 당시 우주 비행사인 고든 쿠퍼는 우주에 하루 반 정도 머물렀다.

달 비행 준비

제미니 프로젝트가 머큐리 비행 임무를 계승했다. 제미니 우주 캡슐은 타이탄 미사일에 실렸으며 두 명의 우주 비행사가 탑승했다. 최장 14일 지속된 비행에서 제미니 비행사들은 우주유영, 우주선 랑데부, 도킹 절차를 최초로 시도했다.

향후 달 비행에 필요한 중요한 우주선 장치에 대한 평가가 실시되었다. 1965년과 1966년 사이에 제미니 비행이 10회 있었다. 처음에 대륙간 탄도 미사일로 만들어진 타이탄 로켓은 1970년대에 바이킹 우주선을 화성까지, 보이저 우주선을 태양계의 더 먼 곳까지 실어 날랐다.

베르너 폰 브라운 박사

전쟁 전 독일의 로켓 프로그램 개발과 V2 미사일개발을 주도한 인물 중 하나였던 폰 브라운(1912-1977)은 미국 우주 프로그램에서 중요한 인물이 되었다.

그는 전후 미국에 들어와 귀화 시민이 되었다. 그는 대륙간 탄도 미사일 개발에 참여했으며 익스플로러 1호를 발사한 개발 팀을 지휘했다. 폰 브라운 박사는 새턴 V호 달 로켓의 설계와 제작에서 중요한 역할을 했다. 인기 있었던 그의 작품으로 디즈니와 함께 작업한 "투모로우랜드(Tomorrowland)" TV 시리즈는 차세대 로켓 과학자와 우주 비행사에게 많은 영감을 주었다.

진 로덴베리

2차 세계 대전의 뛰어난 폭격기 조종사였고 상업용 비행기 조종사였던 진 로덴베리(1921-1991)는, 비행에 관한 글을 쓰면서 작가의 길로 들어섰다. 그는 텔레비전 방송 작가를 시작하면서 별이 등장하는 "웨스턴" 시리즈 세트 개념을 개발했다.

3년 동안(1966-1968) 방송되었던 스타트렉 시리즈는 인간이 은하수를 여행하면서 발생하는 다양한 과학적, 사회적 문제를 다루었다. 이 시리즈의 인기가 높아지면서 최초의 우주 왕복선 오비터 시험 로켓 이름을 앤터프라이즈로 지었다. 본 시리즈로 몇 가지 후속 시리즈와 영화가 나왔다. 몽상가 로젠버리는 우주 여행 세대에게 영감을 주었다.

"작은 한 발자국..."

1969년 7월 20일 동부 서머 타임 오후 10시 56분에 미국 우주 비행사 닐 암스트롱이 달에 발을 디뎠다. 역사상 최초로 인간이 다른 세계에 접한 순간이었다.

에드윈 "버즈" 올드린 주니어가 그의 뒤를 이었다. 세 번째 우주 비행사 마이클 콜린즈는 아폴로 캡슐을 타고 달 궤도에 머물렀다. 아폴로 11호 비행은 1972년 말까지 계속된 여섯 차례의 달 착륙 중 최초의 비행이었다. 우주 비행사들이 탔던 우주선인 달 모듈은 하강단과 상승단으로 구성되었다. 하강단은 다리 네 개와 달에 천천히 착륙할 수 있는 강력한 로켓 엔진이 있었다. 표면 탐사를 마친 후 자체 로켓 엔진을 이용해 착륙선의 상부가 이륙한 후 지구로 돌아오기 위해 아폴로 캡슐과 랑데부했다.

스카이랩

새턴 V호 로켓 3단을 수정한 미국은, 1973년에 드디어 스카이랩이라고 하는 최초의 우주 정거장을 지구 궤도로 발사했다. 3단 내부에는 엔진과 연료 탱크 대신 세 명의 비행사들이 우주에 길게 머무는 동안 필요한 장소와 실험실이 탑재되었다.

태양 전지판으로 전력을 공급했다. 발사 시 생긴 문제로 대형 전지판 하나를 잃었지만 세 명의 우주 비행사는 1974년까지 스카이랩을 집으로 불렀다. 마지막 승무원은 우주에서 84일간 머물렀다.

소형 새턴

새턴 V호 로켓은 117,900킬로그램을 낮은 지구 궤도까지, 40,800킬로그램을 달까지 발사할 수 있었다. 그러나 일부 아폴로 비행에서는 더 작은 새턴이 필요했다.

새턴 IB는 높이가 68미터였고 새턴 V호 로켓용으로 설계한 받침 위에 놓을 "Milk stool"이라는 발판이 필요했다. 이것이 있어서 새턴 IB는 발사 구조물의 스윙 암에 맞출 수 있었다. 새턴 IB는 초기 아폴로 시험 비행 임무 몇 가지를 수행했는데, 스카이랩 승무원 세 명을 태웠고, 1975년의 역사적인 아폴로-소유즈 임무를 위해 미국인 승무원을 태우고 궤도에 있는 미국 및 소련 비행사들과 만나게 해주었다.

궤도와 탐사선

심우주

제미니 발사에 사용된 타이탄 로켓(1959-2005)은 무인 페이로드 발사에 널리 사용되었다. 업그레이드된 타이탄은 무거운 위성들을 지구 궤도에 올렸으며 중요한 우주선을 다른 행성으로 추진시켰다. 바이킹의 화성 비행과 보이저의 더 먼 행성 및 성간 우주 비행은 유명하다.

관측 로켓

전반적으로 로켓이 더 커지고 강력해졌지만 더 작은 로켓을 발사할 필요도 많이 있었다. 캐나다에서 설계한 블랙 브랜트 관측 로켓은 1961년부터 800건 이상의 비행을 통해 카메라, 계기, 마이크로 중력 실험 장치 같은 소형 페이로드를 실어 나르는데 성공했다. 블랙 브랜트는 신뢰성과 낮은 비용 때문에 연구자들의 사랑을 받고 있다. 가장 큰 다단 블랙 브랜트는 페이로드 용량이 약 100킬로그램이며 도달 가능한 최대고도는 900킬로미터이다.

아리안

1979년에 서비스를 시작해 업그레이드된 버전으로 현재까지 사용되고 있는 유럽 우주국의 아리안 로켓은 통신 위성을 높은 정지 궤도로 발사하는 것이 전문이다. 아리안은 남아프리카 동부 해안에 있는 프랑스령 기아나에서 발사되는데 지구 자전 속도를 최대한 이용하여 로켓을 궤도로 쏘아 올린다.

델타 패밀리

1960년대 초에 시작된 미국 델타 로켓은 상업 및 군사용 페이로드 발사 로켓 중 용도가 가장 다양한 로켓이다. 델타는 다단, 페이로드를 높은 궤도로 올려주는 페이로드 보조 부스터를 포함해 다양한 구성이 있다. 델타 패밀리는 성공률이 95퍼센트를 넘는 325건 이상의 발사 기록을 보유하고 있다.

아틀라스

델타 로켓처럼 아틀라스의 기원도 깊다. 이제 대규모 구성이 다섯 번째로 이루어지는 아틀라스는 1950년대에 미사일로 만들어졌다. 아틀라스는 존 글렌과 다른 세 명의 머큐리 비행사들을 우주로 실어 나를 수 있게 개조된 이래 많은 상업, 과학, 군사 위성 발사와 행성간 비행에 사용되었다. 아틀라스 V호 로켓(사진)은 최신 시리즈이다.

페가수스

신화에 나오는 피조물처럼 페가수스 발사체도 날개가 있다. 약 12,000미터로 올라간 후에 운반용 항공기 날개 밑에서 공중 발사된다. 이러게 발사하면 소형 궤도 페이로드의 발사 비용이 절약된다.

우주 왕복선과 국제 우주 정거장(ISS) 시대

새로운 종류의 발사체

아폴로 프로그램이 완료되자 미국 로켓 과학자들은 낮은 지구궤도로 승무원과 페이로드를 싣고 가는 새로운 시스템, 즉 우주 왕복선시스템을 제작하기 시작했다.

중앙의 외부 탱크 주위에 네 부분의 발사체가 배치되어 있는 이 왕복선 시스템에는 비행기 같은 오비터의 주 엔진에 공급되는 액체 수소와 산소가 들어 있다. 탱크 양쪽 측면에는 고체 로켓 부스터 두 개가 있다. 궤도로 가는 도중에 모두 소진된 부스터는 분리된 후 낙하산을 타고 지구로 돌아와 바다에서 회수되어 재사용된다. 오비터와 탱크는 계속해서 궤도를 향해 간다. 소진된 탱크는 낙하하다가 재돌입 시 분해된다. 오비터는 궤도 조작시스템 엔진의 동력을 계속 이용한다. 궤도에 도달하면 페이로드 베이 문이 열려 페이로드, 즉 과학 실험 장치, 우주 탐사기, 망원경, 지구 감지 시스템이 노출된다. 비행 임무를 마친 오비터는 지구 대기로 재돌입한 후 활주로에 무동력으로 착륙한다. 최초의 우주 왕복선 비행은 1981년 4월 20일에 있었다.

ISS 작업

최초의 우주 왕복선 비행은 1981년에 있었다. 120여 개의 미션이 수행되었다. 1998년 이래로 우주 왕복선의 주요 미션은 구조물에 사용될 부품과 승무원, 보급품의 수송, 그리고 ISS에 대한 실험이었다. 정거장 작업이 완료되면 우주 왕복선은 회수될 것이다.

국제 공조

미국 외에도 15개 국가가 다양한 방식으로 ISS를 지원한다. 주요 참여자인 러시아는 소유즈 로켓으로 세 명의 승무원을 정거장으로 발사하고 프로그레스 로봇 공급 우주선을 발사한다. 그 밖에도 캐나다,벨기에, 덴마크, 프랑스, 독일, 이탈리아, 네덜란드, 노르웨이, 스페인, 스웨덴, 스위스, 영국, 일본, 브라질이 참여하고 있다.

 ## 우주 관광

스페이스쉽원(SpaceShipOne)

전세계 민간 회사들이 로켓 사업에 진출하고 있다. 이들은 준궤도 및 궤도 우주 관광에 대한 수요를 전망하고 있다. 많은 설계 도안에 대한 검사가 진행되고 있다. 일부는 실제로 비행을 마쳤다. 2004년 10월 4일에 캘리포니아에 있는 Scaled Composites 사에서 만든 스페이스쉽원이 14일간 100킬로미터 이상의 고도에 두 번 올라간 최초의 민간 우주선이 되었다. 모선에서 공중 발사되는 스페이스쉽원은 지구 대기와 우주 사이의 경계를 넘었다.

로켓 (초등용)

초판 1쇄 인쇄   2025년 10월 20일
초판 1쇄 발행   2025년 10월 28일

저 자   교육부, 한국항공우주연구원

발행인   김갑용
발행처   진한엠앤비
주 소   서울시 서대문구 독립문로 14길 66 205호(냉천동 260)
전 화   02) 364 - 8491
팩 스   02) 319 - 3537
홈페이지주소   http://www.jinhanbook.co.kr
등록번호   제25100-2016-000019호 (등록일자 : 1993년 05월 25일)
    ⓒ2025 jinhan M&B INC, Printed in Korea

ISBN   979-11-290-6178-2 (93550)   정 가 14,000원

이 책에 담긴 내용의 무단 전재 및 복제 행위를 금합니다.
잘못 만들어진 책자는 구입처에서 교환해 드립니다.